环境功能材料

王洪伟　何文正 ◎ 主编

吉林出版集团股份有限公司

图书在版编目（CIP）数据

环境功能材料 / 王洪伟，何文正主编．— 长春：吉林出版集团股份有限公司，2021.7

ISBN 978-7-5731-0038-2

Ⅰ．①环… Ⅱ．①王… ②何… Ⅲ．①环境工程－功能材料－研究 Ⅳ．①TB39

中国版本图书馆 CIP 数据核字（2021）第 146000 号

环境功能材料

主　　编 王洪伟　何文正
责任编辑 王　平
封面设计 林　吉
开　　本 787mm×1092mm　1/16
字　　数 190 千
印　　张 8.5
版　　次 2021 年 8 月第 1 版
印　　次 2021 年 8 月第 1 次印刷

出版发行 吉林出版集团股份有限公司
电　　话 总编办：010-63109269
　　　　　发行部：010-82751067
印　　刷 北京宝莲鸿图科技有限公司

ISBN 978-7-5731-0038-2　　　　定价：88.00 元

前　言

在解决目前人类所面临的各种环境问题的过程中，各类功能材料起着不可或缺的作用。新型环境功能材料不仅在环境污染净化、环境修复、现代环保设备方面发挥着重要的作用，而且在解决能源危机、全球环境污染等方面也发挥着巨大的作用。例如，能源危机迫使人们寻找太阳能电池、燃料电池、磁流体发电、热核聚变等新的和效率更高的能源获取方式，这一过程中要求提供光电转换材料、固体电解质、电极材料、激光材料和磁性材料等，显然这些材料对于从根本上解决环境问题具有重要意义。

此外，对于已经获得应用的大量材料，从环保、节能、成本、综合利用和解决资源等角度也需重新审查，寻找新的代用品或更有效、环境友好的制备途径。本书从功能材料的结构、性能、加工、使用出发，全面阐述环境工程领域中一些环境净化材料、环境修复材料、环境替代材料的设计、制备、性能与应用等。

由于本人水平有限，时间仓促，书中不足之处在所难免，望各位读者、专家不吝赐教。

编　者

目　录

第一章　功能材料设计基础

第一节　材料设计的基本概念

在全球制造业迅猛发展的环境中，我国机械行业新产品层出不穷。在市场导向原则的引领下，越来越多的设计人员开始关注机械性能、寿命、经济等因素。随着众多新机械材料的引入，人们对于材料设计的关注力度空前高涨。

一、材料设计概述

与传统机械性能设计不同，现代机械设计已经成为一项综合性的设计学科，其包含环境学、材料学以及美学等众多因素。机械设计中的美学就是产品外观设计，在上个世纪初期，人们对机械产品的美观要求不高，对机械设计的美观程度关注度不高；随着时代的发展以及人们生活质量的提升，人们开始关注机械设计的美观度，在购买机械产品时也将外观因素纳入其中，美学设计的重要性日益凸显；环境学的引入是在全球资源短缺、环境污染加剧的背景下引入的，人们在购买机械产品时会考虑机械对环境的影响及对人类可持续发展的影响；随着材料科学的发展，材料学被引入到机械设计中来，因材料性能不同，其对机械产品的性能也会产生较大影响。这些方法的引入一方面增加了机械设计的选择性，一方面也增加了机械设计的难度。在上述引入中，材料学一直备受社会各界关注，尤其是在材料类型越来越多的今天，材料设计已经成为机械设计的重中之重。在具体机械设计过程中，设计人员必须按照自己的设计需求选择性能相符的材料，才能达到预期设计效果。为了更好地满足机械产品性能和外观需求，设计人员必须熟悉机械设计中的材料性能并动态关注新材料的发展及应用，只有这样才能科学合理的选择材料。不同材料的性能直接影响着产品机械寿命，故而，设计人员在机械设计过程中，可结合客户实际需求，进行材料寿命核对，在满足产品预期要求的基础上，节约材料使用。

二、机械设计中的材料设计方法

关注材料的使用性能。众多机械设计专家均明确指出，在机械设计及应用过程中，设计人员必须关注材料的使用性能，一方面需要关注不同零件之间的合理搭配，一方面还需要关注零件材料的合理性。在机械运行过程中，材料会直接影响机械使用性能，材料的韧性、强度、硬度等特性均能反应机械使用中的材料特性。例如，在某个零件的设计过程中，若不合理地选择了材料、材料应用不准确，则势必无法满足零件特性要求，进而导致机械使用过程中出现故障。对于客户来说，即使出现很小的故障，也会影响到客户机械使用的寿命及整体性能，从而使客户满意度降低。故而，要想做好材料设计工作，必须要关注材料使用性能，合理选择材料使其更好地满足机械运行中的各种化学、机械等性能要求。现代机械设计过程中，我们可以通过有限元软件来分析材料的使用性能，综合分析零件的受力状况，或者在电脑中输入工作条件，计算出材料内部的应力情况，进而指导我们发现危险点。然后按照传统方式校对机械危险点，合理选择其他可防范危险点的类型材料。

关注材料的工艺性能。机械材料的工艺性指的是材料自身能适应不同加工工艺要求的能力，尤其是对于加工工艺较特殊或较为复杂的零部件来说，必须选择特殊的材料，才能满足这种加工工艺的要求。故而，这就需要设计人员在机械设计过程中多关注材料工艺性能。现阶段，人们对机械产品的要求趋向于美观、小巧，并要求功能齐全、结构紧凑。现在的机械连接也摒弃了传统不可拆连接、螺纹连接为主的局面，转向依靠各个零件的结构型锁进行连接，这些都加剧了材料设计的难度。在现在的材料市场当中，碳素钢应用非常广泛，其因成本价格、操作性能以及加工性能等优势备受关注。但是，机械设计人员不难发现碳素钢会存在韧性低、强度低等缺陷，中等形状以上的零件无法热处理，这就导致了碳素钢在具体应用中受到限制的问题。大量实验证实，含有某金属的合金钢其机械加工性能大大提升，与单纯碳素钢相比，其工艺上更能满足机械加工需求。例如，若一零件对于表面硬度要求标准较高，如果使用碳素钢并对碳素钢进行提升表面硬度的处理，那么碳素钢很容易出现裂纹等损坏的问题，而加入某项金属元素，就能有效避免裂纹等问题，进而满足了机械结构设计要求。这就需要设计人员不仅应关注机械设计本身，还需要全面了解材料工艺性能，合理选择材料。

关注材料的经济性能与环境性能。设计出的机械产品在满足工艺性与使用性能的基础上，还需要满足经济性能指标。不同的材料其自身价格也有所不同，机械设计人员所设计的产品应满足经济性要求，力求成本低、周期短，且使用效率高、燃料消耗少、使用范围广、维护费用低。这就要求设计人员选择标准、通用的零部件来保证质量、简化设计，并积极选择改进性能、使用提高质量的新材料与新结构，及时引入先进的设计工艺与生产装配工艺，减少零部件结构以及转动链种类。

在现代设计过程中，我们还需要积极考虑材料的环境性能。在设计过程中尽可能避免选择储量较少的材料，例如，尽量找到钨的替代品并进行性能优化，在满足机械性能基础上降低使用成本。另外，还需要降低同一机械产品中的材料种类，积极选择可回收、可再生的资源，这样有利于机械报废后的资源再回收。

三、机械设计中的材料设计新方向

随着社会的不断进步，传统材料设计存在的问题越来越凸显，传统材料设计方法急需优化，站在工业设计方法角度分析，笔者认为材料设计需要从系统功能与理论角度出发，充分考虑不同零部件的性能，还需要考虑不同零部件之间的功能影响。在分析材料功能时，需要考虑三方面内容：①技术功能需要被明确要求，用技术性能参数表示。②分析功能成本，从而找到功能好、成本低的设计方案。③定性与定量分析。在综合分析产品定性与定量之后，找到优化的材料设计方案，为接下来的设计工作做好准备。在向现代材料设计转变的过程中，我们需要做好如下几点：①树立全新的功能观与系统观。在机械设计过程中，没有绝对的好坏材料，不能以某种性能定义某种材料的特性，只能选择最合适的材料。选择材料需要考虑功能与成本的平衡点。在设计过程中，不能仅考虑该种材料做某种零件是否合适，还需要看这种材料、这种零件在整个机械运行中是否合适。②建立基于互联网平台的材料设计库。传统查手册设计法已经无法更好地满足现代设计需求，在知识经济中，应积极建立基于互联网的数据库，数据库中不仅包含传统常用材料，还需要包含用户材料库，也就是有关经营部门或生产厂家直接访问该网站，及时纳入国内外的最新材料数据信息。全面系统的数据库一方面能满足现代机械设计的高效要求，还可以与即时技术、CAD/CAE 等技术相适应。

综上所述，本文以材料设计概述为切入点，从关注材料的使用性能、工艺性能、经济性能与环境性能等角度，详细论述了机械设计中的材料设计方法，并探究了材料设计新方向，多方面入手，旨在为材料设计提供理论指导，设计出性能高、功能良的新产品。

第二节　材料设计的发展

能源、信息和材料是现代科技发展的三大支柱，而材料是高科技的物质基础，也是当今科学的前沿领域之一。随着现代科学技术的不断进步，各个领域对材料的需求量也在不断增加，对性能也提出了更高的要求，其形态也由三维转向二维、一维，甚至零维，向精密化和前沿化不断靠拢。

化学材料是人们制造工具的物质来源，也是人类生产和生活的基础。材料科学技术就是研发各种材料的种类和性能，然后将其运用到人类生产和生活中，推动生产力的提高和人们生活水平的提高，人类历史也可称之为材料发展史。

一、化学材料的发展历史

材料是人们生产和生活的基础条件，历史学家经常把材料作为划分时代的依据。在人类出现的最早时期，生产水平极为低下，人们都是寻找天然石块磨制成石器聊以生存，被后人称为“石器时代”。后来因为开始使用金属铜和铁，人们相继进入“铜器时代”和“铁器时代”。资本主义革命结束后，机器开始被大规模地使用，人类进入“钢铁时代”。1920年以后，化学合成工业得到发展，大批的高分子化合物被合成，很快就遍布人类生活的每个角落，于是又进入了“高分子时代”。现在很多新兴技术都需要用到性能特殊的材料，科学家就将古代的陶瓷进行变革，研制出精密陶瓷材料，我们即将面临“新陶瓷时代”。从人类诞生到1920年之前，人们都是在观察中对材料产生认识，创造和使用的都是比较单一的材料。近些年来，因为物理学和化学的发展，再加上计算机和电子技术的进步，人们对材料的认识从宏观阶段过渡到微观阶段，从晶粒、分子和原子的角度去分析材料的结构与性能，尤其是超高温、超低温、强磁场和高真空等条件，让人们能够从本质上认识材料的物理和化学性能。

材料科学是一门综合性学科，一方面需要利用多种学科理论和成果去解决科学研究问题，另一方面它研究的问题本身就自带综合性，是从各种材料制造和应用中提取的。材料科学与多种学科都存在一定的联系，是多种学科和技术互相结合形成的产物。它涉及物理、化学和力学等学科知识，而材料科学的发展，又可以带动这些学科的进步，为其提供研究课题和资料。总结起来就是一句话：材料科学与多种学科互相联系、共同发展。

二、化学材料的未来展望

世界将要面临一场新的技术革命，而新兴技术的核心物质就是新材料。新技术要想发展就需要新材料，从而促进了新材料的不断发展，而新材料的发展又促进了新技术的革新。此外，军事工业的国际竞争形势激烈，这也是促进新材料发展的一大因素。现代战争就是科学技术之间的较量，也就是新材料的主战场。在经济实力和战斗力相近的情况下，谁的新材料和新技术更具优势就可以胜出。现代技术的发展为新材料的发展奠定了基础，材料发展历经简单到复杂、宏观到微观和经验为主到知识为主三种过程。近几十年来，材料结构和功能又得到深度开发，利用新技术可以弥补材料中的缺陷和不足，进一步完善了制备工艺和手段。新技术的革命引发了新产业革命，这也意味着新材料给新技术出了一个更大的难题，红外技术、激光技术、电子技术和能源开发等新型技术对材料也提出了更高的要求，为了成功解决这些难题，材料科学正在逐步向多质合成、超级工艺和分子设计等方向发展。

分子设计主要是为了满足生产和生活的需要，综合运用了物理、化学、数学和生物等理论知识，再加上激光、计算机和电子等技术，辅以先进测试仪，用来研究材料的性能，或者利用原子理论预测材料在未来可能具备的性能，并根据需求设计新的分子。如果这项技术能够得到完善，就可以颠覆材料的研制方法，让材料科学进入一个全新的时代。而复合材料是材料发展的重点内容，主要包括金属基复合材料、陶瓷基复合材料、碳基复合材料和树脂基高强度材料。表面涂层则是另一种复合材料，其适用范围广，且经济实用，拥有广阔的发展前景。多质复合材料是采用有机和无机法合成的，能够制造出耐热、耐腐蚀和使用寿命长的材料，已经取代了钢铁等金属，一跃成为新型结构材料。这些材料的不同质类主要体现在结构上，打破了单一材料的局限，通过扬长避短提升了性能。信息功能材料主要是增加材料品种、提升性能，主要包括半导体、红外、液晶和磁性材料等，这是信息产业发展的基础。生物材料拥有更广阔的应用领域，其一是生物医学材料，可用于修复人体器官、组织或血液；其二是生物模拟材料，譬如反渗透膜。低维材料具备体材料没有的性质，例如零维的纳米金属颗粒是电的绝缘体，采用纳米制成的陶瓷具有较强的韧性和塑性，一维材料有有机纤维和光导纤维，二维材料有金刚石薄膜和超导薄膜，这些材料的应用前景一片光明。

材料科学的另一个发展方向是利用新科技改变材料的使用方法和制造手段，对传统材料进行加工重新利用，让新型材料拥有特殊的功能，以达到生物、能源、通信和航空等领域的需求。目前新材料领域出现了一门新学科——高分子智能材料，主要是通过有机合成法，让没有生命力的材料变得有生机。这种材料已经得到应用，也成为各国的新研究课题，不久的将来应该会进入我们的生活当中。此外，建立材料系统工程，建设好材料信息网，合理使用各种材料，将材料、环境和能源三者平等视之，以达到节约能源和保护环境的目的，这也是材料技术亟须解决的问题。

材料是人类进步发展的重要基础，从古至今都陪伴着人类的发展，如今的 21 世纪更是异常推崇材料。工业、军事、航天和能源等多个领域都需要材料的帮助才能不断发展，化学材料的发展与展望也成为科技人员的关注对象。相信在科学技术的带领下，材料科学也会不断进步、不断完善。

第三节　材料科学基础知识

材料科学与工程的任务就是研究材料的结构、性能、加工和使用状况之间的关系。这里所说的结构，包括能够用肉眼或低倍放大镜观测到的宏观组织；用电子显微镜能够观测到的微观组织；以及用原子相、电子结构等能够观测到的超微观组织。性能是指材料的力学性能，物理、化学、工艺性能等；加工包括材料的制备、加工、后处理（在循环处理）在内的各项生产工艺；使用状况是指材料的应用效果和反响。材料科学基础理论包括综合了数学、物理、化学等各种基础知识来分析实际材料的问题，主要包括晶体学基础、晶体缺陷理论、固体材料热力学和平衡态理论、固体动力学理论、固体材料的结构理论、固体电子论等。鉴于本书的主要目的是进行环境功能材料的介绍，因而对材料科学基础知识只做简要介绍。

一、材料科学发展概述

从材料的性质上看，材料一般可以分为两类：结构材料和功能材料。材料科学的发展亦经历了两个主要的发展阶段：以结构材料为主的发展阶段和以功能材料为主的阶段。

（一）结构材料及发展

结构材料是指具有一定强度、韧性及在工作环境中有良好适应性的材料。结构材料也被称作建筑材料或机械制造材料。该类材料具有抵抗外力作用而保持自己的形状、结构不变的优良力学性能，可以用来制造工具、机器、车辆和修建房屋、桥梁、铁路等。结构材料自工业革命以来，就得到迅速发展，产量急剧增加，对其研究与认识也日渐深入。最典型的结构材料有水泥和各类硅酸盐等。

（二）功能材料及发展

1.功能材料的概念

最早的 “功能材料”的概念是由贝尔研究所的 A Mortonu 于 1965 年提出的。所谓功能材料是指具有优良的电学、磁学、光学、热学、声学、力学、化学和生物学功能及相互转化的功能，被用于非结构目的之用的高技术材料，它包括金属、类金属、陶瓷、有机高分子、复合材料等。可以认为功能材料是现代材料中较为高级的材料，但并不包括除结构材料之外的所用材料，功能材料的 “功能”性往往是区别材料是否属于功能材料的主要特征。

虽然功能材料与结构材料的发展一样悠久，但其产量却远远少于结构材料。除了电力发展对硅钢片、铜、铝导线的需求较大，使得它们有很大的产量外，其他功能材料的产量均不及结构功能材料。但是在高科技快速发展的近几十年，功能材料的发展得到了加强，“功能材料”已成为材料科学一个不可或缺的概念，结构材料与功能材料的关系也发生了一些明显的变化。例如，电力工业的发展，促进了电工合金、金属磁功能材料、金属电功能材料的快速发展；20 世纪 50 年代微电子学技术的发展也使得半导体电子功能材料快速发展；20 世纪 60 年代激光技术的发展，带动了先进光学材料的研究和制备，以及 70 年代出现了光电子材料、80 年代发展了形状记忆合金、储能材料、能源材料、生物医学功能材料、原子能反应堆材料、太阳能利用材料、高效电池材料等。分析材料科学的这些变化，主要原因可能为以下几种。

①1973 年石油危机以后，各国都大力发展原子能、太阳能、核聚变能。这些技术的发展离不开新材料的支持，这种势头一直持续到今天，由于能源、资源、环境污染等问题也促使各国都尤为重视新材料的开发。

②二次大战之后，世界高新技术快速发展，由于这些新的技术的需求，强烈刺激现代材料向功能材料方向发展。

③空间技术、海洋技术、医学工程均迫切需求与之相适应的新的结构材料和功能材料。

④集成电路取得巨大成就，使得人们对超微量物质作用机理极为关注。

2.功能材料的分类

按照材料的物理性质，可以将功能材料分为以下几类。

①金属功能材料。如具有磁功能、电功能、热功能、力学功能、化学功能的金属材料。

②无机非金属功能材料。如半导体磁功能材料、玻璃、陶瓷等。

③有机功能材料。包括各类有机高分子功能材料，如导电高分子材料、磁性高分子材料等。

④复合功能材料。有高分子系列、金属系列、陶瓷系列等。

基于材料的功能性能，还可以将功能材料分为力学、声学、热学、电学、磁学、光学、化学、生物医学、核功能等功能材料。

基于材料服务的技术领域，可以将功能材料分为：电子材料、光学材料、电讯材料、仪器仪表材料、传感器材料、计算机材料、电工材料、反应堆材料、太阳能材料、储氢材料、生物医学材料、环境功能材料等。本书所涉及的环境功能材料就是按照这一服务领域划分而确定的。

此外，根据材料内部原子排列情况，可以将材料分为晶态、非晶态。根据材料的热力学状态，将材料分为稳态和亚稳态。根据材料尺寸分为一维 （如纤维、晶须等）、二维（薄膜等)、三维 (大块材料)材料。

3.功能材料的特点

一般而言，功能材料具有如下的特点。

①具有特殊的功能。例如具有超高强度、超高硬度、超塑性、超导性、磁性、发光特性等性能。

②功能材料的制备往往与新技术、新工艺紧密相关，可以说新技术和新工艺是功能材料开发的有力工具。例如：各类纳米制备技术（湿化学技术、软化学技术、sol-gel 技术等）的成熟和应用为人们开发纳米材料提供了途径；溅射技术、激光技术、高能粒子轰击技术、粒子注入技术等的薄膜加工技术的开发，为各种薄膜的加工与应用提供了技术条件。

③功能材料换代快、式样多变，与其他高新技术具有相似的特征，功能材料研发速度快，开发周期短。这也说明不仅先进的制备技术能够促进功能材料的发展，先进的功能材料反过来也能促进高新技术的进步。

④功能材料的发展与材料理论的发展极为密切，而且比传统材料更加密切，传统材料的制备和生产更多地依靠经验和手艺，新材料的研制则更多的是在理论指导下进行。在利用现有材料和开发新材料方面，人们预测，在今后相当长的一个时期内，结构材料仍是材料的主体部分，且在今后３０年可能是复合材料的世界。在功能材料研究方面，应用于计算机、信息、生物方面的电子材料将受到重视。材料的环境协调性将得到前所未有的重视，不仅在材料的再循环研究方面，而且在节约材料、减少能耗、保护环境等方面将更加注重。

二、材料的物质结构基础

九十种天然元素构成了地球上的物质，由于元素的种类和含量的不同，使得各种物质的性质也千差万别。我们用 “相”来表示物质中结构均匀的部分，我们通常所说的气相、液相、固相可以是单相，也可以是多相。对气体而言，尽管由于组员的无规运动和相距较远，但由于其内部的原子排列没有规则，仍可以常常将其看成是单相体系。对液体分子之间的原子间力或分子间力，促使液体分子在熔点和沸点之间得以稳定存在，也使得液体中出现局部有序。因而在液体中，实际上一个原子（或分子）与其近邻之间的空间关系在任何瞬间都是有规则的，但是随时间不断改变，所以这种质点运动的激烈程度足以阻止形成长程有序。与气体不同的是，液体可以形成分立的相，而不互相混合，例如油和水放在一起，中间就会被一个界面所隔开。

尽管固体中原子（分子）在堆积的紧密程度上不比液体高很多，但它们之间有较固定的位置，即相呈长程有序的原子（分子）排列。单相的固体可以是单晶，也可以是多晶聚集体。单晶体中其有序的排列从一个外表面一直延续到另一个外表面，而在多晶体中，存在很多被称为晶粒的小单晶体，彼此被晶界隔开，在每个小晶体内部存在长有序的结构，但在通向晶界时发生了变化，因而任何晶粒的位向都与相邻晶粒的位向不同，晶界代表了一种结构上的不连续性。

我们通常所关心的功能材料的性质，也可以理解成物质或材料的物理现象，这些现象是通过能量与物质的相互作用而显现的，正是这种相互作用，导致了人们所观察到的某种物质所特有的性能和行为。因此，可以说物质或材料的性能取决于物质的内部结构和外加条件。对物质结构这样的理解，就很容易看到，任何材料的行为不仅与结构极为相关，还与其宏观状态有关。

材料也与力学体系一样，其能量越高，体系越不稳定，因此任何体系都有自动降低其能量、达到更加稳定状态的趋势；另一方面，任何体系也都有使自己更加无序变化的趋势，这两种倾向是影响体系的最重要因素。结果常常会看到：高温时，较为无序而能量较高的相是稳定的；低温时，较为有序而能量较低的相是稳定的。

化学家已经给出了一个有效描述体系无序度的量：熵。规定完整晶体热力学零度时的熵为零，这种状态相当于完全有序的状态。任何体系都会自发地向熵增大的方向或自由能降低的方向变化，而任何这种变化都必须跨越一个能量较高的能垒。对于材料体系中的某一给定的过程，其进行的速度取决于有多少分数的原子具有足够的能量以克服与该过程相关的能量，以及能垒的高低、温度等其他因素。许多材料之所以能获得应用，正是由于其转变速度可忽略不计。例如，氧化铝比金属铝更为稳定，而铝能够获得应用的主要原因就是由于在铝的外表面生成一层氧化铝薄膜后，进一步的氧化速度几乎为零。

了解有关物质结构的基本规律，对于材料的设计无疑是重要的，但实际材料很复杂，因为它们的特性与很多因素有关。在很大程度上，固体材料的性能和行为直接与包括键合、原子排列、相、缺陷和裂纹在内的诸多因素有关，而这些又与材料的成分和加工过程有关。

第四节　材料成形稳健设计方法

一、稳健设计方法概述

20 世纪 90 年代，世界各工业发达的国家指出优化设计是提升产品质量的根本手段，进而转变了产品制造理念，将产品制造的重点由产品的检验与生产过程中控制转移到了产品的质量设计。其中稳健设计作为一种具有较高性价比的设计方法，其对产品生产过程中存在的各种误差与干扰因素进行了充分的考虑，对于提高产品性能、质量以及成本控制有着十分重要的意义。

稳健设计又称为鲁棒设计，其目的是为了保证产品在生产制造时出现参数变差或是在规定寿命内发生结构老化和变质的情况下仍能够保证其性能的稳定性。关于稳健设计的另一种表述为：产品的设计在受到不同干扰因素的影响下仍能够保证稳定的产品质量，或是高质量、高性能的产品的制造能够通过廉价的零部件的组装来实现，就可以表明该产品的设计是稳健的。

稳健设计具有针对性与复杂性，其通过寻找不同不确定因素波动变化敏感度较低的特性来实现设计，在设计中对不同的波动变化进行了细致的分析与考虑，根据设计的参数，来保证产品结构性能指标接近目标值并保持稳定，进而为设计方案的可靠性与稳定性提供强有力的保障。与普通优化设计相比，稳健设计的不同之处在于其并非寻求设计对象性能指标的最优值，而是以接近目标值但具有较小的波动的设计值为设计目标。此外，稳健设计注重对目标与约束的稳健性的控制。其不仅对设计目标的各种变量波动变化的敏感度提出了更高的要求，就算各种变量存在一定的波动，但也在实现规定的设计目标波动变化的允许范围之内，即设计目标具有的稳健性；同时稳健设计要求设计及其变量处于波动变化的情况下仍能保证设计点位于可行域内，即指约束的稳健性。

现阶段稳健设计方法主要分为两种，即基于经验或部分经验的设计方法与基于工程模型并结合了优化技术的稳健设计法。前者属于传统的稳健设计方法，其主要包括 3 次设计方法、响应面法、双响应面法以及广义模型法。而后者成为工程稳健优化设计方法，其主要有容差模型法、随机模型法、容差多面体法、灵敏度法、基于成本–质量模型的稳健设计法等。从本质意义上来讲，该方法通过数学方式诠释了 3 次设计方法，并借助优化计算提前控制了产品的质量性能。

目前，许多工业国家各个领域在产品质量的提升与改进方面广泛采用稳健设计方法，包括电子、机械、农业、化工等，并取得了卓越的成绩。其中美国和日本是针对稳健设计展开研究与应用最早的两个国家，并且以此使社会经济效益得到大幅度增加。而我国稳健设计研究的起步较晚，20 世纪 80 年代，国内针对 3 次设计法展开了研究，并取得了有关部门的高度重视。到了 1985 年，有关稳健设计的系统性研究才正式开始并出现在相关资料上。

二、材料成形稳健设计方法的应用

（一）板料成形中稳健设计方法的应用

板料成形具有相对成熟的理论与简单的工艺，并且仿真技术的起步较早，现阶段板料成形中稳健设计的应用相对广泛。

板料成形稳健设计研究最早于 1996 年提出，研究人员将压边力、摩擦系数以及压边圈面积作为可控因素，将材料拉伸强度、屈服强度、各向异性指数作为噪音因素，并在汽车冲压件的稳健设计中引用田口与响应面法，对显著因素进行分析，使稳健设计解得以优化。

而我国在板料成形稳健设计方法的应用方面有复合设计的方法，通过冲压仿真技术，获取冲压件质量评价指标与影响因素的回归公式，并通过实验对公式的准确性与设计方法的可行性进行证明，然后以此实现冲压成形过程的稳健设计，进而使冲压成形过程的稳健设计解得以确定。又或者在 V 形件的稳健设计中，将有限元分析法与田口法相结合，找到影响其冲压加工稳健性的工艺参数，并确定能够保证稳定性的建模参数组合，通过相应软件使冲压件的有限元仿真模型得以建立，然后借助田口法分析 V 形件加工建模参数的稳健设计，进而使其冲压加工稳健设计结果得以确定，最后借助实例进行该方法的可行性。这些有关板料成形中稳健设计方法的应用使板料成形制品的质量稳定性得以提高，并且有效控制了成本与产品废品率，对于产品质量的提高有着重要的意义。

（二）金属热成形中稳健设计方法的应用

与板料成形相比，金属热成形更具复杂性与系统性，在产品设计中存在较多影响因素，同时板料成形的产品质量评价也比其简单，因此，在铸造与锻造方面的稳健设计方法应用相对较少。以仿真技术与响应面法的结合为例，Repalle 等对锻造过程中产品、材料、工艺条件等因素的波动进行了考察，并结合该技术实现了锻造工艺参数的稳健设计。目前，计算机仿真技术得到了巨大的发展，为铸造与锻造等金属热成形中稳健设计方法的应用提供了更有利的技术手段，稳健设计方法必然得到更加广泛的应用。

（三）塑料注射成形中稳健设计方法的应用

注塑成形具有一定的复杂性，涉及的学科较多，例如流变学、高分子化学、传热学等，塑件质量受到多且复杂的因素的影响，并且在产品设计中波动因素的定义、分析与测量来源存在较大的难度，产品质量与不同影响因素的关系的数学模型的建立也比较困难，同时稳健设计方法对实验提出的要求也不好满足，可见注塑成形中稳健设计方法的应用存在一定的难度。我国研究人员在注塑成形设计中提出了稳健设计模型，采用稳健设计降低塑件质量受注塑成形工艺条件、操作条件的变化波动的影响，然而目前这一研究并不成熟。随着注塑成形仿真技术的不断发展，仿真技术具有明确各种参数的功能，能够对受到不同水平的可控因素与波动因素影响的注塑制品质量进行模拟，进而可以为注塑成形稳健设计方法应用的可行性提供依据。

在材料成形的过程中，制品质量会受到不同误差的波动而受到影响，而稳健设计能够使产品的稳定性得以提升，同时具有控制产品成本的作用，因此对于现代产品设计制造有着十分重要的意义。我们应针对此进行深入研究与细致的分析，提出更加科学合理的方法，以保证设计方案的稳健性与可行性，进而为产品设计质量提供充分的保障。

第五节　环境功能材料及设计

一、环境问题与环境功能材料

迄今为止，在文献中很难找到环境功能材料的概念，我们认为环境功能材料是指具有特定功能，在环境中使用的、与解决环境问题相关的材料。因而了解环境功能材料的内涵，必须首先了解环境问题。

从今天的角度看待环境问题，可以将对人类生存和发展产生严重威胁的环境问题分为两大类：一类是人类活动所排放的废弃物带来的环境污染；另一类是生态环境的破坏，这些环境问题有些是全球性的，有些是局域性的。温室效应与气候变暖、臭氧层的破坏、酸雨、有毒物质污染、生态环境破坏是目前人类面临的极大挑战。1972 年在瑞典斯德哥尔摩召开的人类环境会议和 1992 年在巴西里约热内卢召开的环境与发展大会明确指出，保护环境必须成为全人类一致的行动，保护环境必须改变发展的模式，将经济发展与环境保护协调起来，走可持续发展的道路。环境科学技术体系在新形势下也在发生着变化，由以“末端治理”为主的技术体系到现在的污染预防、清洁生产等新的观念和技术，环境科学发展成了为解决环境问题的各项科学技术体系，以及为保护环境所采取的政治、法律、经济、行政等各项专门知识的庞大的学科体系。

资源，尤其是自然资源，是可持续发展的物质基础。缺乏或失去资源，人类的生存难以维持，更谈不上发展。因此，可持续发展的关键之一，就是要合理利用自然资源，使自然资源保持再生能力；一些非再生资源或再生速度不能适应消耗速度的资源能找到替代资源的补充等。工业化的发展及人口的膨胀对自然资源的巨大消耗和大规模的开采，已导致资源基础的削弱、退化、枯竭，资源与环境问题已成为当前世界上人类面临的重要问题之一。

目前，威胁人类生存和发展的资源问题主要是水资源、土地资源、能源、矿产资源。有些资源问题与环境污染有着直接的关系，例如，水污染使本身就已很严峻的水资源危机更加严重；人口的膨胀和土壤质量的下降，使得土地资源在相对数量和质量方面均存在严重危机。能源问题更为复杂，随着作为一次能源的煤、石油、天然气等不可再生的能源资源的消耗，人们将注意力转向了可再生的非化石燃料类一次能源，如太阳能、地热能、海洋能、水能、风能等；同时二次能源的开发也是提高能源资源的利用效率、部分解决能源资源环境问题的方向之一。能源的开发和利用对环境均造成了一定的影响，尤其是目前的许多全球性环境问题均与一次能源的使用有关，例如城市大气污染主要来源于一次燃料的燃烧、大气中 CO_2 的积累、SO_X、NO_X 含量的提高（是导致温室效应和酸雨的主要原因）以及核废料的合理处置等。这些问题的解决是庞大的系统工程，从技术角度讲，改变能源的使用方式，即开发能量转化率高、二次污染很小的二次能源是合理有效的途径之一。

目前人类所面临的环境问题主要是由人口膨胀和经济发展带来的，其中工业生产带来的环境污染既是区域性的，也是全球性的，不容忽视。改变现有工业的发展模式是走可持续发展道路的组成部分，清洁生产是一种在可持续发展引导下的一种全新的生产模式。清洁生产不仅仅是一种全新的理论概念和评价方法，而且也是一套完善的技术体系。1984 年联合国欧洲经济委员会在塔什干召开的国际会议上曾对无废工艺做了如下的定义："无废工艺乃是这样一种生产产品的方法，它能使所有的原料和能量在原料——生产——消费——二次原料的循环中得到最合理的综合性的利用，同时对环境的任何作用都不致破坏它的正常功能"。从生产过程分解上看，清洁生产包括清洁的能源、清洁的生产过程、清洁的产品三方面。清洁的能源包括可再生能源的利用、新能源的开发、各种节能技术等。

清洁的生产过程包括尽量少用或不用有毒有害的原料；保证中间产品的无毒、无害；减少生产过程中的各种危险因素，如高温、高压、低温、低压、易燃、易爆、强噪声、强振动等；采用少废、无废的生产工艺和高效的设备；进行物料再循环（厂内、厂外）；使用简便、可靠的操作和控制；完善管理等。

清洁的产品指节约原料和能源，少用昂贵和稀缺的原料的产品；利用二次资源做原料的产品；产品在使用过程中以及使用后不致危害人体健康和生态环境；易于回收、复用和再生的产品；合理包装的产品；具有合理使用功能以及具有节能、节水、降低噪声的功能和合理使用寿命的产品；报废后易处理、易降解的产品等，符合这些特征的产品均可称为清洁产品。

清洁生产的实现在于两个过程的控制：一方面是在宏观上组织工业生产的全过程控制，包括资源合理配置、规划设计、组织、实施、运营管理、维护改扩、效益评价等环节；另一方面在微观上进行物料转化生产全过程的控制，包括原料的采集、储运、预处理、加工、成型、包装、产品的储运、销售、消费以及废品处理等环节。

从以上所列的环境问题可以看出，解决这些环境问题的基础无外乎以下几方面：新技术、新工艺、新装备、新材料。可以说，这几方面相互联系、互为条件，在解决环境问题中都具有很大的作用。

二、环境功能材料的分类

材料按照环境功能材料在解决环境问题中所起的作用，可以将环境功能材料分为以下一些类型。

（一）环境净化材料

这些材料主要起去除环境中污染物的作用，例如，对于大气中的污染物，一般不能集中处理，通常是在充分考虑大气净化作用和植物净化的前提下，对污染物采取预防控制的方法，在污染物进入大气之前，保证大气的质量。从工艺角度讲，处理大气污染物有吸收法、吸附法、催化转化法；从材料科学与工程的角度讲，上述过程都借助一定的材料介质才能实现，即吸附剂、吸收剂、催化剂、各类离子交换树脂等。再比如，对于水中污染物的去除，众多的氧化还原材料、沉淀材料、吸附材料、混凝材料等在污水与给水处理中发挥着重要的作用。近年来发展起来的高级氧化技术中，功能催化剂及功能性的电、光、化学材料是该技术获得应用的关键前提。在生物接触氧化中，早期应用的是硬质塑料类网状和蜂窝状的填料，目前应用的大多材料是人造纤维软性填料，人造纤维丝软性填料的开发和应用为提高接触氧化的效率起到了关键的作用。

对于越来越引起重视的物理污染，如电磁波、噪声等，其去除过程中，功能性材料的使用是关键的问题。

（二）环境修复材料

环境修复也常被称作生态修复，是指对遭到破坏的环境进行生态修复治理、恢复被破坏环境的生态特性的过程。例如固沙材料及沙漠化植被技术、CO_2固定材料、O_3层的修复材料等。

（三）环境替代材料

对于已经应用多年、人们已经习惯的一些常用的材料，由于这些材料在生产、使用和废气的过程中会造成对环境的极大破坏，因而必须逐渐予以废除或取代，这一点已成为全世界的共识。例如，替代氟利昂的新型环保型制冷剂材料、工业和民用的无磷洗涤剂化学品材料、工业石棉替代材料及其他工业有害物 （如水银的应用替代材料）的替代材料、与资源相关的铝门窗的替代材料、用竹、木等天然材料替代那些环境负荷较大的结构材料也属于环境替代材料的一类。

能源危机迫使人们寻找太阳能材料、燃料电池、磁流体发电、热核聚变等新的、高效的获取能源的方式，电转化材料、固体电解质材料、电极材料、激光材料、磁性材料等在此方面均发挥着很大的作用。

此外，对于一些已经获得应用的无机材料，也必须从环保、节能、成本、综合利用和节约资源角度重新考虑进行审查，探索新的代用材料和更有效的、环保的合成途径。

第二章　高效电催化电极材料

第一节　电化学水处理技术及电催化基本理论

一、电化学水处理技术概述

所谓电化学方法或技术，就是利用外加电场作用，在特定的电化学反应器内，通过一系列设计的化学反应、电化学过程或物理过程，达到预期设计的目的或效果。对污染物去除而言，污染物的净化和回收往往是重要的指标。

近年来，有关污水、污物、废气的排放标准和法规不仅在数量上不断增加，标准也在不断严格，因此需要开发可靠的、成本效益较高的净化处理方法。利用光、声、电、磁及其他无毒试剂催化氧化技术处理有机废水，尤其是难以生化降解、对人类危害极大的各种“三致”（致癌、致畸、致突变）有机污染物、持久性有机污染物和内分泌干扰物，是当前世界水处理相当活跃的研究领域。近年来一些新的处理方法引起了研究与应用的极大关注，电化学水处理技术即是其中之一。在某些应用方面，对比现有常用的净化处理方法，电化学法具有独特的优势。

①具有多种功能，电化学法除可用电化学氧化还原使毒物降解、转化以外，还可用于悬浮或胶体体系的相分离（如电浮选分离等）。电化学方法的这种多功能性使电化学法具有广泛的选择性，在污水、废气、有毒废物处理等多方面均可发挥作用。

②电化学过程中的主要运行参数是电流和电位，它们容易测定和控制，因此整个过程的可控程度乃至自动控制水平都较高，易于实现自动控制。

③电子是电化学反应的主要反应物，且电子转移只在电极及废物组分之间进行，不需另外添加氧化还原试剂，避免了由另外添加药剂而引起的二次污染问题。通过控制电位，可使电极反应具有高度选择性，防止有可能发生的副反应。

④电化学系统设备相对简单，设计合理的系统能量效率也较高，因而操作与维护费用较低。作为一种清洁工艺，其设备占地面积小，特别适合于人口拥挤的城市污水的处理。

⑤兼具气浮、絮凝、杀菌多种功能，必要时阴极、阳极可同时发挥作用。既可以作为单独处理，又可以与其他处理方法相结合，例如作为前处理，可以将难降解的有机物或生物毒性污染物转化为可生物降解物质，从而提高废水的可生物降解性。上述这些特性使得电化学法在多种污染物处理技术中显示了与众不同的特点，被称为“环境友好”技术，在绿色工艺方面极具潜力。

二、催化及电催化电极

电化学水处理技术是使污染物在电极上发生直接电化学反应或利用电化学反应过程中产生的活性物种使污染物发生氧化还原转变，后者被称为间接电化学转化。在电化学转化过程中，阳极氧化可使有机污染物和部分无机污染物转化为无害物，阴极还原则可从水中去除重金属离子。电极在电化学处理技术中处于 “心脏”的地位，“电催化”特性是电化学处理技术用电极的核心内容，即希望电极对所期望处理的污染物表现出高的反应速率，且有好的选择性。由于电极/溶液界面的特殊性质，使得很多在其他条件下不能进行或者能进行但所需条件十分苛刻的反应得以在常温常压下顺利进行。尽管为数众多的电极材料都有氧化有机污染物和去除其他污染物质的功能，但其处理效果却有所不同。

（一）电极材料对电极反应及电化学工程的影响

1.功能性电极材料

这里所说的电极主要是指发生氧化或还原反应的阳极或阴极，它们在电化学反应器中，处于“心脏”地位，是实现电化学反应及提高电流效率的关键因素，也有人将这类电极称作“功能性电极”。

电极虽然分为阴极和阳极，但对阴极的选择比较简单，研究与考虑最多的是开发盐水电解用低氢过电位电极。需要注意的是，电解质的腐蚀性较强，阴极极化时，会出现腐蚀现象，易发生氢脆。另外也有研究者利用阴极的氧化还原作用来除去有机、无机污染物或回收重金属。例如目前阴极电氧化过程的研究集中于碳/聚四氟乙烯等复合的气体扩散电极，通电过程中向阴极表面补充氧气产生 H_2O_2，进而利用生成的活性中间体 （如·OH 等）将水中有机物氧化降解。与阴极相比，阳极材料一直是人们所关心的课题，种类繁多，本书中谈到的电催化问题，一般是指阳极材料。

对电极反应而言，除考虑导电性、反应选择性、机械强度及密度、加工性能、价格及经济性等基本要求外，对这类功能性电极还有以下特殊要求。

①稳定性。功能电极的稳定性是指通过电极的设计、选材、加工制备，使电极具有一些相应的特性，如导电性、催化性、耐腐蚀性、高温稳定等物理化学特性。更为重要的是，

在电极的使用过程中能长时间地实现和保持这种特性。换句话说，对电极的使用寿命有更高的要求，以满足连续化生产的需求。

②吸附特性。电极反应均是在电极表面上进行的，反应物、产物、中间化合物均需经历吸附、脱吸等过程，电极污染大多数情况下也是由吸附造成的。可以说，电极的吸附特性是电极的核心因紊之一，对电极行为影响重大。吸附在电极表面的除金属离子的吸附和析出外，还有阴离子的吸附、溶剂分子以及其他反应分子的吸附作用。近几年来，利用原位红外光谱技术和表面增强拉曼技术等已在这一研究中获得了大量的信息，为在深层次上了解电极反应的本质提供了科学依据。

③电催化特性。电催化特性是电极研究的一项核心内容，是功能电极材料中最具特征和最重要的功能性质，也是强化电流效率、提高生产能力的主要手段。以往绝大多数电化学反应器都以金属作为阳极材料，对金属表面上的电化学过程十分熟悉，有相当多的专著出版。但近代的电催化反应主要涉及半导体电极过程，因而本章将以半导体电化学为主要内容，讨论发生在半导体电极上的一些电催化过程。

2.电极与电极反应

电化学反应本质上也是化学反应，而反应机理、反应方向 （对可逆反应而言）、反应速率是一个化学反应的本质内容，电极结构与电极材料对这些特征均有很大的影响。

①电极与电化学反应机理。近代电化学反应实际上大多是电催化反应。近年来，借助先进的材料研究与分析手段，人们对众多的电催化过程进行了详细的研究，得出了一些研究结果，这里举两个例子。

乙烯在 Pt、Ru、Ir 电极上的氧化产物为 CO_2，而在 Au、Pd 电极上的氧化产物为乙醛。按照对电催化原理的一般解释，认为这种结果是由于电极对不同中间产物的吸附不同造成的。

随着能源危机、原材料价格上涨等因素，人们对有机电合成的兴趣越来越高，选择电极材料往往是有机电合成的重要工作之一，甲苯间接电氧化合成苯甲醛是研究较多的一种有机电合成反应，而 Pt 电极、铅电极上的 Mn（Ⅱ）/ Mn（Ⅲ）的转化对甲苯的作用表现出不同的结果。

②电极与反应选择性。电极反应是在电极表面进行的异相反应，对不同的底物表现出明显的不同。例如对于国内外研究较多的苯酚的电化学氧化，我们研究了苯酚在 Pt 电极、钛基 SnO_2 电极 Ti / SnO_2、钛基 PbO_2 极 Ti / PbO_2、钛基 RuO_2 电极 Ti / RuO_2 上的电化学降解过程，均得到了 Ch.Comninelis 提出的苯酚降解过程，最后可以发生电化学燃烧而彻底氧化成 CO_2 和水。但在通入相同电量的情况下，检测电解液中各种中间产物的情况，发现各种中间产物的累计量并不相同。当电流密度保持在 19mA / cm^2、在 100mL 含苯酚浓度 100 μ

L / L 的溶液中，发现在 Pt 电极上，在降解开始一段时间内（2h），苯醌积累较多，说明 Pt 电极对 “苯→酚苯醌”这一转化过程选择性较高，而在反应中间阶段，Ti / SnO_2、电极上中间脂肪酸的积累很少，Ti / RuO_2 电极上却有大量中间脂肪酸积累。与苯酚降解过程竞争的主要副反应是阳极上氧气的析出，这一结果预示着 Ti / RuO_2 电极比 Ti / SnO_2 电极的析氧电位低，更易选择氧的析出反应，而 Ti / SnO_2 电极对中间产物的选择性更高。

③电极与反应速率。如果反应粒子与电极表面的每一次碰撞均能引起电子转移，则对于反应粒子浓度为 1mol/L 时，电极反应速率可能达到 105A / cm^2，但实际上一般工业电化学过程，其最高电流密度仅为 1 ~ 10A / cm^2，因此反应速率并不是很快。选择不同的电极，可使同一反应在不同电极上有很大差别。例如：氢在铂电极上析出的速率要比汞电极快 10^9 倍；氧在钌电极上还原的速率是金电极上的 10^7 倍。交换电流密度是影响电极反应速率的主要因素，其大小主要由电极反应本身的特性、电极材料的化学性质和状态、电解液的组成、电解液浓度和温度等决定。正是由于同一反应在不同电极表面的交换电流密度的不同导致反应速率的差别，如 1mol/L HCl 溶液中，在汞电极表面的析氢反应，$i_0 = 1.7 \times 10^{-12}$A / cm^2，而在铂电极表面进行时却为 1.6×10^{-3}A / cm^2，两者相差 9 个数量级。由于电催化性质的不同，同一电极上不同的电极反应的交换电流密度也大不相同，例如，对于较易进行的金属的电极过程，i_0 可达 10^4 ~ 10^5A / cm^2，而研究表明氮分子的电离反应的 i_0 只有 10^{-70}A / cm^2。

3.电极与电化学工程

由于电化学反应有非常强的应用背景，因而一个成功的电化学过程并不仅仅关注反应本身，而且还要满足工程应用上的要求与合理性。电极材料的设计与选择对电化学反应器的设计与运行影响也很大。

①电流效率。电流效率一般是衡量通过的电流中用于给定产品生产的比例的指标，电流效率的高低是电化学应用经济性和合理性的最重要标志之一。它与电极材料密切相关，电极反应速率、电极反应选择性、析氢或析氧的竞争反应、电极污染或电极腐蚀或剥蚀等都会影响电流效率。

②能耗。电化学生产的整体能耗包括电解能耗、为生产服务的能耗等。降低能耗的总原则就是使各部分的组件最少及电流通道上各项电阻最低。降低能耗的主要措施为：提高电流效率、降低槽电压。

依靠电极材料的设计与选取可以有效提高电流效率。

虽然降低槽电压可以从电化学反应理论平衡电势、阳极和阴极上的超电压，以及电解质、电极、导线及隔板等欧姆电压降等几方面来考虑，但毫无疑问降低电极反应（尤其是主反应）的可逆平衡电位及降低两极上的超电压均与电极材料相关。

（二）电极材料的发展和种类

电催化是功能性电极最重要的性质和功能，20 世纪 20 年代以前，电极的电催化并没有引起重视，对节能要求的重视对电催化电极的发展起了巨大的推动作用。近 20 年，电催化理论和实践迅速发展。我们先对电极的发展和种类进行简单的回顾，并重点介绍有关电催化及电催化电极的一些研究与应用情况。

1.电极材料的发展

虽然将电能转化为化学能的电化学过程在 200 年前就已经开始了，但直到 1896 年石墨电极试制成功，电极材料才得到快速发展，石墨电极的大规模工业化应用持续了近 70 年，这一时期也叫石墨电极时代。1968 年，钛基金属涂层电极研制成功，电极进入了钛电极时代，近几十年来，钛基金属涂层电极十分活跃，有人称之为钛电极时代。

电解食盐生产氯气和烧碱是目前最大规模的电解化学工业，近百年来，氯碱工业使用的电极材料的演变和发展，恰恰反映了电极材料的发展历史。

早期在氯碱研制阶段的食盐电解中，曾使用过铂电极、天然石墨电极、天然碳素电极、磁性氧化铁电极、二氧化铅电极等。1896 年 E.G Acheson 采用电热结晶法成功制备出了人工石墨，并首先在食盐电解中应用，随后石墨电极在电化学工业的应用领域不断拓展，成为电化学工业的主要电极材料，且持续了近 70 年时间。

长时间运行时，发现对电解食盐而言，石墨电极存在以下问题：

①电阻大，因此电耗比较大；

②不稳定，放氯反应的同时，会有氧气放出，造成阳极的碳以 CO_2形式放出，既降低了电流密度，也使电极间距不易稳定，造成电解过程的波动，同时电极使用寿命也明显降低。

进入 20 世纪 60 年代，对有机氯化物的需求大幅度增加，使氯碱工业也出现了前所未有的扩大产量的要求，尽管各大公司均大力在改进工艺方面做了大量的工作，但石墨电极已不能满足大规模提高氯碱产量的要求的矛盾已明显显现出来。包括 ICI、Olin 等在内的各大公司均在新型电极的研制开发上投入了大量人力、物力，电极的稳定性和电催化性能成了主要指标。

Olin 公司首先注意到贵金属的电催化活性及稳定性，曾于 1935 年在水银电槽中使用铂电极，但因价格较贵而未能应用。但为发挥铂的电催化优势，Olin 公司一直在降低铂电极成本方面做了大量工作。1901 年发表了制备氯酸钠用铅基镀铂电极专利、Olin 年发表了石墨基镀铂族专利、1913 年发表了钨基或钽基镀铂专利，但这些电极都由于基体材料稳定性不够而未获得大规模应用。

电化学电极快速发展是在 20 世纪 40 ~ 50 年代金属钛生产取得突破之后开始的。1940 年，W.克劳尔博士发明了镁热还原法制取海绵钛，美国矿务局于 1 9 4 8 年完成其工业化生产。此外，美国电机公司技师 M.A. Hunter 发明钠热还原法制取海绵钛，英国帝国化学工业公司于 1950 年建成年产 1500t 的钠法炼钛厂，并开始了以钛为基材的电极的研制。钛金属机械加工性强，与钨基相比，价格便宜，加工方便，在电化学中更为稳定。1950 年 ICI 公司金属研究所的 Joe Cotton 等人和荷兰学者 Henri Bernard Beer 几乎同时发明了在钛基金属沉积铂或其他贵金属的方法。1957 年 Olin 公司开始进行实验室研究，1960 年和 ICI 公司共同在盐水电解的水银槽上进行了工业化试验，并开发了计算机调节控制极间间隙系统，使这种电极在仅有 2 ~ 3mm 间隙的水银槽电解池中的应用成为可能，新型钛基电极的研究与应用从此开始。

此后，有许多公司和研究人员投入到涂层配方的研究中。1965 年 H.beer 在南非获得氧化钌涂层电极的专利，并于 1967 在比利时公布了钛基混合氧化钌涂层专利。1968 年，意大利 De Nora 公司首先将 H.beer 钌钛电极应用在水银法生产氯碱工业上，获得成功。与镀铂涂层相比，氧化钌涂层电极不会产生钠汞齐，在水银槽中使用不存在调节间隙的问题。之后，钛电极在氯碱工业的成功应用，使得钛电极很快在电化学和电冶金两大工业部门中获得应用，电极进入了钛电极时代。

2.电极材料的种类

电化学近百年的发展史，也是电极材料的发展史，尤其是自 20 世纪 20 年代以来，对电极电催化活性的研究与开发，使电极材料成了一个庞大的工程体系，功能性电极种类繁多。以下我们将就主要应用的电极及其特性做分类介绍。

按照电极材料的化学组成，我们可以将电极分成以下几大类。

①金属电极。金属电极是指以金属作为电极反应界面的裸露电极，除碱金属和碱土金属外，大多数金属作为电化学电极均有很多研究报道，特别是氢电极反应。

金属电极之间的电化学活性相差很大，对于金属的析氢反应，在塔费尔 （Tafel）曲线上，大多数金属的 b 值均在 120mV 左右，若以交换电流密度表示电极的催化活性，则可以看出活性最高和最低之间相差 10^{10} 倍，虽然这种现象曾被广泛研究，但尚没有统一的说法。

金属电极在应用中，最大的问题是金属电极容易钝化，尤其是在氧化场中，金属电极很容易被氧化生成氧化物膜，有时会使电极失去活性。如化学稳定性最好的铂电极，在有氧存在的酸性电解质中，很容易被氧化生成 PtO 或 PtO_2。大量对铂电极的研究表明，光裸的铂电极的电催化活性比 PtO 或 PtO_2 的电催化活性高 100 倍左右。

②碳素电极。氯碱工业可以说是电化学工业发展的重要标志，目前的氯碱工业已基本

上应用钛基二氧化钌电极，但在此之前，碳素电极几乎是氯碱工业唯一使用的电极材料。即使在目前，部分电化学工业，例如熔盐电解生产铝、镁、钛等电化学金属冶金工业，仍然使用抗腐蚀性较好的碳素电极，在有机化合物的电合成领域也广泛使用碳素电极。

尽管碳素电极早已被广泛应用，但对碳素材料结构的研究与认识只有在最近20年才开始。目前的研究表明，碳素材料的组成虽然不变，但其体积和表面结构可以较容易地发生改变，从而带来性质的一系列变化。近年来对碳素材料的研究出现了“化学改性”方面的研究和应用报道，这有可能成为碳素材料克服自身缺点、寻求新的应用领域的一个重要方向。

碳素材料种类很多，主要有石墨（天然和人工）及中间状态的碳（玻璃碳、炭黑、碳纤维、活性炭、碳60等），近年来研究发现了一些新的碳簇化合物，如碳76、碳78、碳70、碳84等，还有管状的碳分子等，这些材料因其巨大的容量，有着非常大的潜在应用价值。

③金属氧化物电极。导电金属氧化物电极具有重要的电催化特性，这类电极大多为半导体材料，实际上这类材料性质的研究是以半导体材料为基础而建立的。其中已有大规模工业化应用的实例，例如氯碱工业应用的RuO_2电极、铅蓄电池中应用的PbO_2电极等，目前应用最多的是阳极析氧和析氯性质。对环境电化学而言，此类电极是用于环境污染物去除、燃料电池、有机电合成等方面的最重要的、也是最具发展前景的电催化电极。

④非金属化合物电极。实际上，碳素电极和碳电极均属非金属材料电极，只是碳素电极由于广泛使用，一般将其单独列出，因而一般所说的非金属电极是指硼化物、碳化物、氮化物、硅化物、硫化物等。非金属材料作为电极材料，最大的优势在于这类材料的特殊的物理性质，如高熔点、高硬度、高耐磨性、良好的耐腐蚀性以及类似金属的性质等。其中，硼掺杂金刚石电极（BDD）因其良好的稳定性和较高的析氧电位，在环境污染物去除方面得到更多的关注，但由于其制备成本较高，难以大规模推广使用。

（三）电催化反应与电催化电极

1.电催化反应

广义上说，能引起电极反应的电极都能称为电催化剂，即电催化电极。这样的广义理解似乎可以将绝大部分电化学反应归为电催化反应。但实际情况是，同一电化学反应在不同的电极上的反应速率和反应结果会有极大的不同，因此一般将能引起电化学反应速率或反应选择性发生变化的电极叫作电催化电极，这样的反应叫作电催化反应。因此电催化电极往往是针对某一具体的电催化反应而言的。

2.电催化反应的特征

电催化是异相催化反应，与一般的气／固或液／固异相反应相比，电催化反应和电催化电极有以下特点。

①一般的催化反应，在催化剂固定的情况下，反应的活化能也随之固定，反应的方向和速率不会发生明显改变。但电化学反应中，作为电催化剂的电极材料，不仅是提供氧化还原反应物之一的电子的场所，而且电极电位的变化对活化能会产生明显的影响，进而可以方便地改变电极反应的方向、速率和选择性。例如，对于一个接受电子的电化学反应，电极电位移动 1V，反应速率可提高 $10^7 \sim 10^9$ 倍，这是一般催化反应做不到的，因此电极电位是研究电催化的重要参数。由于电位的变化对速率的影响如此大，实际上有时已经引起了反应机理或反应途径的变化。

②由于电催化反应会引起电流的变化，因而可以通过测量电流来间接反映电化学反应速率，此方法快速、灵敏度高，即使过渡状态的中间快速反应也能通过电化学的方法测定出来。

③电极反应产物随电极材料而发生改变。近年来的研究表明，同一材质的电极进行不同的处理，如电极表面掺杂某些特殊物质，电极性能也会发生明显的改变。这与一般的催化剂有些类似，掺杂也是改变普通化学催化剂性能的一种手段。这一特性用于电极的制备，使电催化涂层电极成了电催化功能电极的一个庞大分支。

3.电催化电极

所谓电催化，是指在电场作用下，存在于电极表面或溶液相中的修饰物能促进或抑制在电极上发生的电子转移反应，而电极表面或溶液相中的修饰物本身并不发生变化的一类化学作用。催化电极，首先应该是一个电子导体，其次还要兼具催化功能，即：既能导电，又能对反应物进行活化，提高电子的转移速率，对电化学反应进行某种促进和选择。总的来说，良好的电催化电极应该具备下列几项性能。

①良好的导电性。至少与导电材料（例如石墨、银粉）结合后能为电子交换反应提供不引起严重电压降的电子通道，即电极材料的电阻不能太大。

②高的催化活性。即能够实现所需要的催化反应，抑制不需要或有害的副反应。

③良好的稳定性。即能够耐受杂质及中间产物的作用而不致较快地被污染（或中毒）而失活，并且在实现催化反应的电势范围内催化表面不至于因电化学反应而过早失去催化活性，此外还包括良好的机械物理性质（表面层不脱落、不溶解等）。

目前，电催化电极主要可分为两大类：二维电极和三维电极。

①二维电催化电。对于二维电催化电极，目前应用最广泛的是 DSA 类电极。所谓 DSA 电极，就是以特殊工艺在金属基体）上沉积一层微米级或亚微米级的金属氧化物薄膜（如 SnO_2、IrO_2、RuO_2、PbO_2 等）而制备的稳定电极。早期的 D S A 类电极因其低的析氧、析氯电位而广泛应用于硫酸、氯碱工业，而对于有机废水的电催化氧化过程，面临的主要竞

争副反应是阳极氧气的析出（对于含 Cl^- 较多的废水，也可能是 Cl_2 的析出），因此催化电极的一个必要条件就是要有较高的析氧过电位，而 DSA 类电极可以通过改进材料及涂层结构而做到这一点，从而提高其电流效率。此外，由于 DSA 类电极的化学和电化学性质能够随着氧化物膜的材料组成和制备方法而改变，因而能够获得良好的稳定性和催化活性，这也是它获得青睐的一个重要原因。

尽管如此，由于二维反应器的有效电极面积很小，传质问题不能很好地解决，导致单位时空产率较小，而在工业生产中，要求有高的电极反应速率，这就需要提高反应器单位体积的有效反应面积，从而提高传质效果和电流效率，尤其是对于低浓度体系更是如此。因此，三维电极便应运而生。

② 三维电催化电极。所谓三维电极，就是在原有的二维电极之间装填粒状或其他屑状工作电极材料，致使装填电极表面带电，在工作电极材料表面发生电化学反应。由于其面体比较大，且能以较低的电流密度提供较大的电流强度，粒子之间的间距小，物质传质得以极大改善，单位时空产率和电流效率均得以极大提高，尤其对低电导率废水，其优势更是明显。

三维电极可分为以下几类。

a. 单极性电极。粒子是导电的，在反应器内粒子之间需以膜隔开。

b. 复极性电极。复极性电极的粒子在高梯度电场的作用下复极化，形成复极化粒子。

为了尽可能使每个颗粒都复极化，粒子之间应是不导电的，通常可加入一定比例的密度与多孔电极相近的绝缘材料来做到这一点。

c. 多孔电极。这是另一种形式的三维电极，溶液在孔道内流动，其目的也是增大单位体积的有效反应面积，改善传质过程。

从工程角度出发，三维电极比二维电极更具竞争力。

电催化电极在废水处理方面具有相当重要的地位，我们在以后的章节中还要具体讨论电极的制备工艺及特性等具体问题。

4.电催化电极的特性

电催化电极实际上就是电催化剂，电催化电极作为一种工作电极，除必须具备对工作电极的基本要求外，还要满足对电催化的特殊要求。

①导电率高。为电子的传输提供一个稳定的、不至于引起严重电压降的通道。

②高度的物理稳定性和化学稳定性。在电化学反应过程中，能维持电催化活性稳定，在使用期限内均具有高的电催化活性。不同的工业应用领域对电催化电极的寿命有不同的要求，一般在电解工业，要求电极在过电位小于 100mV 时，能产生 0.1 ~ 1A/cm^2 的电流密度，且使用寿命超过一年。

③ 具有一定的抗中毒能力。不会因中间产物或杂质作用而中毒，从而失去活性。

④制备方法简单、成本低。

⑤对于电催化涂层，则需要电催化涂层和基体附着力强，不易剥蚀和磨损，且具有抗电解液侵蚀的能力，以保证电催化性能不下降。

⑥涂层具有高的比表面积。这一特性与制备方法极为相关，在电极制备实践中已积累了大量的经验，例如在制备过程中加入强还原性物质或在制备过程中采用某些载体，一方面可以提高电极寿命，另一方面还可以明显改善电极的分散性。

5.电极电催化活性的表征方法

电极的电催化特性可以有以下两种评价体系。

①利用电化学反应本身一些指标的变化来间接衡量电极的电催化特性。

②电化学方法衡量。一个具有电催化功能的电催化反应会在发生电极反应时使氧化还原电位下降或使给定条件下氧化还原电流增加，因而可以用电极反应体系发生氧化还原反应时的电位、电流等因素来评价电催化过程，常用的指标有以下几个。

a．交换电流密度。因为电催化过程受电极电位的影响较明显，因而必须在相同条件下比较交换电流密度才有意义，一般需用平衡电位下的交换电流密度来衡量电催化的活性大小。

b．活化能。降低反应的活化能是一切催化反应的共同特征，电催化反应也不例外。

c．Tafel 曲线的斜率 b。

d．在给定极化条件下的电流密度。

e．在给定电流密度下的电压值。

测定以上指标时，常采用循环伏安法、计时电流法、计时电位法、交流阻抗法等电化学测量与分析方法。此外，近年来发展起来的光谱电化学方法能够从分子水平上获得电极/溶液界面的实时信息，在研究电极反应机理、电极表面特性、鉴定反应中间体等方面发挥着日益重要的作用，主要有红外光谱、紫外可见光谱、拉曼光谱、荧光光谱等。

第二节　电催化还原二氧化碳的电极材料选择

20 世纪，为了发展经济，人们大量使用化石燃料，使得大气中 CO_2 的浓度从 1975 年的约 277ppm 增加到了 2018 年的 408.16ppm，导致了温室效应的产生，使得全球变暖，给人们的生活带来了很大的影响。为了减少大气中 CO_2 的浓度，人们采取了各种各样的措施，例如：提高能源的利用率，发展可再生能源，开发 CO_2 封存技术和将 CO_2 利用和转化成其他物质。其中 CO_2 的利用和转化分为物理应用和化学应用两个方面，化学应用主要分为催化加氢还原、光化学还原、光电化学还原和电化学还原。由于电化学还原得到的产物选择性比较高，对实验要求比较低，而且对于实验中所需要的电能可以由太阳能、风能和水能等可再生能源来提供，应用前景非常广阔，所以科学家们对电化学还原 CO_2 展开了大量的研究。在电化学还原 CO_2 的实验中，电极和电解液是影响实验结果的两大方面，通过多年的研究，科学家们发现电极材料对电化学还原二氧化碳的影响比较大。本文综述了国内外学者在电化学还原二氧化碳中使用的电极材料，并将它们进行了一个初步的分类：纯金属电极、金属氧化物电极、合金电极、气体扩散电极、纳米材料电极和复合电极等。

一、纯金属电极

Hori 等人利用碳酸氢钾溶液进行了不同的金属电极对 CO_2 进行电化学还原的实验，根据实验结果将金属电极划分成了四种类型。第一种金属是主要还原产物为甲酸根的金属，包括 Pb、Hg、In、Sn、Cd、Tl 和 Bi；第二种金属是主要还原产物为一氧化碳的金属，包括 Au、Ag、Zn、Pd 和 Ga；第三种金属是 Cu，因为在这一金属上有很多还原产物生成，且甲烷、乙烯和醇类这三种还原产物的法拉第效率基本一致，是反应产物最丰富的一种金属。第四种金属是主要还原产物为氢气的金属，包括 Ni、Fe、Pt 和 Ti。

二、金属氧化物电极

Kas 通过电沉积的方式在 Cu 表面得到一层不同厚度 Cu_2O 薄膜，通过实验证明薄膜的厚度不同得到的还原产物也不同，Cu_2O 膜较薄时观察到乙烯的选择性形成，较厚时则产生大量的乙烷。巴鑫[3]发现在碱性条件下电沉积得到的 P 型 Cu_2O 薄膜所制得的电极在将 CO_2 还原成乙烯方面具有很好的效果，同时相对于{111}晶面而言{100}晶面的电极上得到的乙烯产量更多一些。Chen 通过对比电沉积得到的 SnOx 电极和天然氧化的典型 Sn 箔电极发现，在-0.5 和-0.7V(vs.RHE)之间的电势范围内，电沉积得到的 SnOx 电极电催化得到 CO 的法拉第效率比天然氧化的典型 Sn 箔电极高 4 倍，且 HCOOH 法拉第效率比典型的 Sn 箔高 2 ~ 3 倍。

三、合金电极

Kim 等人通过电化学电偶位移的方法在 Cu 多晶表面上制备了 Au 薄层，从而得到铜金合金的电极，其电还原成 CO 的法拉第效率是多晶 Au 的 3.4 倍。Zhu 在脱合金的 AuCu 催化剂上突出表面上 Cu 空位的构建，以有效地降低过电位并提高 CO 法拉第效率。得到的合金 Au_3Cu 在-0.38Vvs.RHE 电流密度下表现出 90.2%的 CO 法拉第效率。汤卫华通过电沉积的方法在 Cu 网上电镀了一层 In–Sn 合金并用于电催化还原 CO_2，生成甲酸的速率为 0.922L·h^{-1}，大约为 In 电极的 1.5 倍。Jia 采用纳米多孔 Cu 膜(NCF)作为模板，通过电化学沉积获得纳米结构的 Cu–Au 合金,在水性体系中分析了 $Cu_{63.9}$Au36.1/NCF 上电化学还原 CO_2 的反应，其中甲醇的法拉第效率为 15.9%，约为纯铜的 19 倍，乙醇的法拉第效率则提高到了 12%，这一实验为将 CO_2 转化为醇提供了一个新的方向。

四、气体扩散电极

Ham 是永恒电流沉积的方法在含有乙二胺作为添加剂的氨基 Ag 沉积溶液中制备树状 Ag 催化剂,得到气体扩散电极,其电化学还原 CO_2 得到 CO 的法拉第效率为 66.5% ~ 80.7%。Jonathan 利用商业 Cu_2O 和 Cu_2O–ZnO 在碳纸上采用电沉积的方法来制得气体扩散电极，其产物有甲醇、乙醇和正丙醇，其中甲醇在两电极上的法拉第效率分别为 42.3%和 27.5%。陈国钱在碳毡上制备出了锡–石墨烯的气体扩散电极，电解电压为–1.8Vvs.Ag/AgCl 时，产物甲酸的电流效率比较高。Prakash 将 Sn 粉末和 Nafion®结合形成的气体扩散电极(SnGDL)用于电化学还原 CO_2，在电压为–1.6Vvs.NHE 时，其生成甲酸的法拉第效率为 70%。

五、纳米材料电极

Yuan 通过在 Pd 纳米立方体上合成具有可控合金化程度的超薄 Pd–Au 合金纳米壳用于电化学还原 CO_2，在电解电压为–0.5Vvs.RHE 时，产生的 CO 的法拉第效率高达 94%。Chen 根据其实验结果认为厚 Au 氧化膜的减少导致 Au 纳米颗粒的形成，使得其在低至 140 mV 的过电势下能高度选择性的将 CO_2 还原为 CO，且其活性至少能保持 8h。在相同条件下，通过替代方法制备的多晶 Au 电极和若干其他纳米结构 Au 电极至少需要 200mV 的额外过电位才能获得相当的 CO2 还原活性且电极很快就失去活性。Qiao 首先对 Cu 金属的氧化膜进行热处理，然后使用恒定电位法在 NaOH 或 H_3PO_4 溶液中进行该膜的阴极电沉积以形成纳米球–纳米纤维结构的铜电极，其将 CO_2 还原为 COOH 的法拉第效率为 43%，且电极稳定性良好，能稳定运行 19h，一定程度上解决了块状金属电极的失活现象。

六、复合电极

Qu 通过将 RuO_2 负载到 TiO_2 纳米管(NTs)或纳米颗粒(NPs)上以形成 RuO_2–TiO_2(NTs)或 RuO_2–TiO_2(NPs)复合电极，然后将其涂覆到 Pt 电极上以进行 CO2 的电催化还原，通过实验发现在 RuO_2–TiO_2(NT)涂覆的 Pt 电极上的 CO_2 的恒电位电解显示甲醇的选择性形成，电流效率高达 65.5%，比在 RuO_2–TiO_2(NP)涂覆的 Pt 电极上获得的要好得多。在吡啶阳离子作助催化剂的条件下，Tacconi 利用 Pt 改性的 C–TiO_2 阴极纳米复合材料将 CO_2 电催化还原成甲醇和异丙醇。而 Zhang 利用 Cu_2O/聚苯胺/不锈钢复合电极在硫酸钠溶液中电催化还原 CO_2 生成了甲醛。

随着大气中 CO_2 的大量增加导致的气候变暖越来越严重，电化学还原 CO_2 的研究也越来越受到重视，而对于电极材料的研究中，近几年关于纳米电极材料的研究报道比较多，除了上述这几种电极材料以外，科学家们开始将目光转向了碳材料和金属有机框架材料，其用于电化学还原 CO_2 的前景开始广阔起来。

第三节　氧化电极电催化降解农业用水污染分析

随着化学工业技术的高速发展，在降解处理农业用水污染物中，使用的技术和材料越来越先进。通过运用高温热氧化法的方式来制作钛基锡锑氧化电极，能够起到电催化降解的作用，有效降解农业用水中多余的污染物。在实验中通过使用甲基红溶液，但是要考虑多方面的影响因素，其中主要有电压、pH 值、电解时间以及电解质加入量等多方面的影响因素。根据实验分析发现，在实验中加入 0.5g/L 的甲基红溶液，确保 pH 值达到 2，能够达到良好的降解效果。有效改善农业用水中的水质污染问题，下面就具体的实验分析过程进行具体分析。

近几年以来，我国的化工业发展速度不断加快，工业生产排放了大量的有机废水，这些有机废水大多为化学、农药以及食品废水，这些工业废水中含有较高的毒性，微生物非常难以降解，一旦排放入江河湖泊中，将会造成非常严重的农业污染。因此，为了有效降解农业用水中的污染物，需要合理采用电化学法，这样才能把非生化降解有机物转变成可生化降解有机物，使污染性有机物成功转化成二氧化碳以及水。通过应用氧化电极催化降解的方式，能够有效改善有机废水污染问题，其具有明显的优势。同时，通过运用电化学处理新技术，使用的电化学设备体积非常小，不需要占用较大的面积，也不用往电化学处理中添加任何化学药剂，自动控制非常方便，所以不会出现二次污染的问题。下面对高温热氧化法的方式来制作钛基锡锑氧化电极，电催化降解的方式进行了具体阐述。

一、实验前的准备工作

（一）选择合适的实验仪器、药品

在本次电催化降解中需要使用大量的实验仪器，其中主要包含了磁力加热搅拌器、烧杯、pH 测试计、氧化电极、恒压电源以及 7200 型紫外分光光度计；此外，还需要使用大

量的试剂药品，这些试剂药品主要包含了钛片、氯化锡、氯化锑、甲基红、醋酸铅、醋酸、氢氧化钠、蒸馏水、无水乙醇、硫酸钠以及浓盐酸等试剂溶液。

（二）实验所采用的方法

本次实验主要运用高温热氧化法，来制作钛基锡锑氧化电极，从而进行电催化降解实验，通过使用这种实验方法，能够确保氧化物电极具备良好的电催化活性，并且保障电催化的稳定性。在实验过程中，需要把制备的电极部分来当作阳极，把钛网部分来当作阴极使用，而且需要应用甲基红溶液来作为有机物，分析电压、pH 值、电解时间以及电解质浓度等因素的变化，在这些因素发生变化以后，降解率是否会出现较大变化。在分析溶液的降解情况时，可以利用 7200 型紫外光谱仪，对溶液进行紫外线扫描，这样才能够准确得出甲基红的降解率，然后确定这种电极和降解方法，能否得到降解废水污染的效果。

（三）实验需要注意的问题

本文实验使用高温热氧化法来制备钛基锡锑氧化电极，必须充分注意这样几方面问题：设计科学、合理的涂层液配比，涂层液将会影响涂层电性能；热解氧化温度也会影响实验效果，实验中的氧化物固溶体具有较强的半导体性能，当氧化温度和时间发生变化以后，将会严重影响涂层；注意工艺操作细节，在涂刷涂层时，必须进行均匀涂刷，在涂层表面涂刷完成液体之后，采用低温烘干的方式，合理控制氧化温度和氧化时间。

二、实验结果分析

（一）电压影响甲基红降解率的情况

在本次实验过程中，主要使用制备电极来当做实验的阳极，然后利用钛网来当做实验的阴极，所以初步确定电极的有效面积达到 $9cm^2$，阴极和阳极之间的距离为 1cm，在实验中使用 3g 左右的硫酸钠来作为电解质，选择 120mL 的甲基红溶液，把电解液的浓度调配为 0.5g/L，在不同电压的影响下，甲基红降解率也存在较大的差异，随着电压的增强，甲基红降解率也在不断上升。但是在降解时间超过 10min 以后，10V 电压和 9V 电压的降解效果相比，明显偏低。当降解时间超过 18min，那么 8V、9V、10V 电压下的降解率变成 45.6%、77.3%以及 69.0%。同时，随着时间的推移，电极上会产生许多气泡，溶液温度也在不断增加。由此可以说明，电化学降解过程中，选择应用 9V 的电压，能够更好地达到节能环保的目的，降低副反应的问题。

（二）电解质浓度影响甲基红降解率的情况

根据实验结果分析发现，在电解催化实验中，当电解的电压数值达到 9V 左右，pH 数值就会变成 2，在 20min 以后，电解质的浓度不断增加，甲基红溶液的降解率也在不断增加。出现这种情况的主要原因在于，电解质在加入到甲基红溶液中之后，就会导致甲基红溶液中离子浓度不断提高，溶液的电导率逐渐提高，逐渐增大溶液中的电流以及化学速率。当电解质的浓度在 0.5 ~ 3g 之间增加时，降解率的波动非常明显，但是在电解质浓度超过 3g 以后，降解率波动就会逐渐缩小，所以说需要控制电解质浓度，即使添加更多的电解质，只会导致污水处理成本增加，而不会达到良好的效果，此外，添加过多的电解质，将会造成水中盐的浓度超标，因此，为了达到良好的降解效果，在实验中运用 3g 硫酸化钠来作为电解质。

（三）pH 值影响甲基红降解率的情况

甲基红溶液作为一种酸碱指示剂，在不同的酸碱条件下，将呈现不同的颜色，当甲基红溶液处于酸性条件下，就会逐渐变成红色，当其处于碱性条件下，就会逐渐变成黄色，而且甲基红溶液在酸性条件下，具有很强的吸光度，测定起来更加方便，因此，本次电催化降解实验大多选择酸性条件。根据实验结果研究发现，当电解实验的时间超过 20min 以后，电解实验的电压变成 9V，添加 3g 左右的电解质，pH 值发生变化，甲基红溶液的降解率也会出现不同的变化。具体而言，pH 值逐渐提高，由酸性条件变成碱性条件，那么甲基红溶液的降解率将逐渐下降，甲基红溶液处于酸性条件下，能够产生氧化甲基红反应以及析氧反应，甲基红溶液降解的速度将加快。因此，为了使废水降解反应更快更好地进行，一般选择 pH 值在 4 的条件下进行电催化降解，这样才能节约投资成本，而且能够得到良好的有机物降解效果。

（四）电解时间影响甲基红溶液吸光度的情况

本次实验过程中，测试电解时间的影响，把电压条件设置成 9V，电解质浓度为 3g，选择 pH 值达到 2 的条件下展开电解实验操作。每次测试的时间间隔为 5min，测试的结果显示甲基红吸光度的波长范围为 390 ~ 665nm 之间，当波长出现变化时，甲基红的吸光度也会逐渐出现变化，所以这样进行观察，才能准确得出科学、合理的甲基红吸光度波长。实验结果显示，电解时间逐渐增加，甲基红溶液的吸光度将不断降低，由此可以说明，当降解时间不断推移时，甲基红溶液的浓度将逐渐降低，当甲基红溶液在合适的条件下进行电解催化，那么所表现出的最大吸收波长将变成 520nm。

（五）降解时间影响甲基红溶液降解率的情况

当甲基红溶液的吸光度波长处于 520nm 的情况下，降解时间发生变化，甲基红溶液的降解率也会逐渐出现变化。具体而言，随着降解时间不断增加，甲基红溶液的降解率也会逐渐增加。但是在降解时间超过 20min 以后，甲基红溶液的降解率波动将变得不再明显。由此可以说明，降解时间 20min 是甲基红溶液的降解终点。

（六）电催化降解除污的经济性分析

根据实验研究分析发现，在处理农业用水污染问题时，必须采用合适的电化学降解方法，充分考虑到经济上可行性，采用成本低、效果显著的降解方法，这样才能节约废水处理成本。同时，在氧化电极电催化降解过程中，需要合理控制电解质浓度，电解质浓度以 3g 为重要标准，超过 3g 的电解质，并不会起到更好的效果，而且会增加催化降解成本。因此，在实际应用过程中，需要结合实际情况进行改进，这样才能使电化学技术更加完善，对于水量较少的废水，能够节约降解处理成本。

本文针对氧化电极电催化降解农业用水污染展开了实验研究，实验中采用高温热氧化法制备钛基锡锑氧化电极，在甲基红废水中进行电催化降解，最终得出在降解过程中，电压、pH 值、电解时间以及电解质浓度都会影响最终的电解效果，所以在使用这种方法时，必须深入研究水质，设计科学、合理的电解方案，选择适量的电解质，这样才能达到良好的效果，而且能够节约废水处理成本。

第四节　电催化电极在环境工程中的应用与展望

早在 20 世纪 40 年代国外就有人提出利用电化学方法处理废水，但由于电力缺乏，成本较高，因此发展缓慢。20 世纪 60 年代初期，随着电力工业的迅速发展，电化学水处理技术开始引起人们的注意。自 20 世纪 80 年代以来，随着人们对环境科学认识的不断深入和对环保要求的日益提高，电化学水处理技术引起了广大环保工作者的很大兴趣。以含重金属盐的污水处理为例，传统的方法是向含重金属废水中加入碱，使重金属以氢氧化物的形式沉积出来，与废水分离。但在目前应用这种方法的出水中，重金属离子浓度已不能达到某些国家的排放标准，且已沉淀下来的金属无法得到回收。离子交换可以作为一种替代技术，但离子交换法的处理成本偏高，而且处理重金属离子后，离子交换树脂不能再生，这些方法固有的不足为开发电化学沉积、提取工艺提供了很大的空间。

此外，电化学法在去除水中有机物方面也不断受到重视，传统的生物处理方法虽然在有机物去除方面已广泛应用，但本质上生物处理技术只能有效地去除水体中生物相容的有机物，对越来越多的非生物相容物质却不适用。虽然利用特殊的生物酶制剂对清除某些非生物相容物质（例如芳香族有机物）是一个很有潜力的发展方向，但酶制剂的获得、活性等问题仍需解决。利用电极表面产生的强氧化性自由基，可以无选择地对有机物进行氧化处理，且可以通过电极的电催化活性的控制，使电化学转化控制在完全降解或作为生物处理预处理而应用。即电化学方法在污水处理应用中不但能独立应用，还可与生物方法结合形成生物电化学方法。

除了水处理过程，在环境污染物去除的其他领域，如处理工业废气、土壤污染去除等方面电化学技术也有其独特的作用。尤其是电化学方法与其他方法兼容性较好，较容易与其他方法配合使用，从而达到最佳处理效果。电化学法在污水、废气和重金属离子等污染物处理中的应用，从原理和方法上可以分为直接氧化、间接氧化、光电化学氧化、电还原、电吸附以及电浮选／电凝聚等，而这些都离不开特定的电极过程，下面介绍一下电催化电极在环境工程尤其是水处理技术中的几个主要的研究应用方向。

一、电化学氧化与电化学还原

电化学氧化主要是指电化学阳极过程，一般主要是针对难降解有机物而言，包括对水中、大气中、土壤中等的一些污染物的去除。

阳极氧化可以使有机污染物和部分无机污染物转化为无害物质，在非生物相容有机物和无机物如苯酚、含氮有机染料、氰化物等污染物的处理中，直接阳极氧化能发挥很有效的降解作用。另外也可以通过阳极反应产生具有强氧化作用的中间物质或发生阳极反应之外的中间反应，使被处理污染物发生氧化，最终达到氧化降解污染物的目的。例如通过溶液中可再生的氧化还原电对，即媒质进行有机物污染物的氧化去除。对于直接发生在电极表面的阳极反应而言，反应物浓度的高低会使电化学表面反应受到传质限制，而对于间接氧化这种限制并不存在。通过阳极电化学反应，可以产生浓度很高的活性物质，反应可以在均质溶液中发生。但是，由于某些氧化还原反应物的溶解度问题，此种方法在污水处理中的应用会比较复杂。次氯酸或氯气以及臭氧在水质净化中的应用是目前这类应用中最主要、也是较成功的例子。在阳极氧化过程中。一般均同时伴生放出 O_2 的副反应，使电流效率降低，但通过电极材料的选择和电位控制可加以防止。

由于阳极氧化过程面临的主要竞争副反应是氧气的析出，因此作为电催化电极的一个必要条件就是要有较高的析氧超电位。金属氧化物 D S A 电极很容易通过改进材料及结构（如改变涂层结构、掺杂情况等）做到这一点，因而它成为目前在阳极电催化领域最受关注的一类电极。Steve K.Johneson 等人指出，在经过 24h 的“电化学燃烧”后，原本含 108mg/L

四氯苯酚的溶液其 COD 值只剩下 1mg/L，98%的氯元素转变为无机氯形式。与此同时，只有微量（小于 25μg/L）金属元素从金属氧化物阳极溶入溶液中。另外，S.Stucki 等人在研究 Sb 掺杂的 SnO_2/Ti 电极时指出，若按电流效率为 30%～40%计算，当 COD 浓度为 500～15000mg/L 时，处理费用约为 30～50kW·h/kg COD，与 H_2O_2、湿空气氧化以及超临界流体氧化等方法比较，电催化氧化处理高浓度有机废水的方法更具经济性。

目前在环境污染物去除方面研究最多的金属氧化物电极主要包括 PbO_2 和掺杂 SnO_2 电极，而限制其应用最主要的问题是在有机物电解过程中电极往往不够稳定。此外，近年来研究较多的 B D D 电极也具有较高的析氧电位和优异的稳定性，但是由于制备成本太高，目前也难以大规模推广。

此外，对于气、固相中污染物，也可用阳极氧化法去除。对于气相中污染物，可先用电解质溶液吸收污染物，再用电化学法将其转化为低毒物质。这两个步骤可在不同装置中进行，也可在同一装置中实现。对于固相中的污染物，例如修复被污染土壤，可将电极插入土壤，加上直流电，以地下水或外加电解质作电解液，并辅以外抽提系统将污染物加以去除。

电化学氧化过程也可以发生在阴极，主要是在外部供氧条件下利用 O 2 在阴极还原为 H_2O_2，而后生成·OH 自由基，进而氧化有机物。目前阴极电氧化过程的研究集中于炭/聚四氟乙烯等复合的气体扩散电极，通电过程中向阴极表面补充氧气产生 H_2O_2，进而利用生成的活性中间体（如·OH 等）将水中有机物氧化降解。为加速·OH 的生成，还可在被处理液体中加入少量 Fe^{2+}，发生电芬顿（Fenton）反应。

电化学还原即通过阴极还原反应，去除环境污染物。阴极还原也可以处理多种污染物，如金属离子、含氯有机物、二氧化硫气体等的还原，同时阴极还原往往也是回收有价值物质的一种方法，如电沉积回收金属就是一种直接阴极还原过程，阴极还原还可用于回收单质硫。

二、电吸附

有关电极吸附现象的文献数量众多，但利用电极作为吸附表面，像传统吸附过程那样，进行化学物质回收的实际应用却鲜有报道。电吸附可以用来分离水中低浓度的有机物和其他物质。在这种体系中，为维持较高的吸附特性，需要采用大比表面积的吸附性电极。据文献报道，这一技术能将β-萘酚吸附到玻璃碳纤维球填充床电极上，也是一种较有发展前途的应用方法。

三、电凝聚/电浮选

电凝聚/电浮选是一种从水相中分离固体悬浮物的方法。如从水相中分离油状物、乳化剂、胶体颗粒等和其他悬浮状有机物等。水体中颗粒物质的分离有以下几种传统的方法。

①化学法。需要在系统内加入一些表面活性剂物质，使得一些表面非活性离子发生凝聚而去除。②吸附法。加入一些载体物质，将固体颗粒吸附到载体颗粒表面上，实现分离。③气体浮选（气提）。向系统内通入高压气体，颗粒物质随气泡上浮而被分离。实际系统中往往也可以将以上几种方法联合使用。以上技术的相同之处在于都需要在颗粒物表面形成疏水表面，因此常常加入表面活性剂。水中颗粒物与表面活性剂或气泡接触后，相对密度发生改变，颗粒物随气泡上浮，在水面形成泡沫层，用机械方式可加以清除。这种方法已广泛应用，对于颗粒物的去除效果较好。但这些方法对于粒径不到20μm的颗粒的去除效果往往很差。

电凝聚/电浮选就是指依靠电场的作用，通过电解装置的电极反应，产生直径很小的气泡，用以吸附系统中直径很小的颗粒物质，使之分离。与其他分离方法相同，利用电浮选技术对直径更小的颗粒物产生较好的分离效果。

利用电化学法产生的气泡进行气浮分离的优势在于以下几方面：

①形成的气泡分散，直径很小，约为8～15μm，因此可以吸附粒径很小的颗粒；②通过调节电流强度，可以使气泡浓度有较大幅度的变化，因此浮选过程中气体介质的总表面积可以很大，能增加气泡和颗粒的碰撞与黏合概率；③通过改变电极材料、电流强度、pH值和温度，能产生不同直径的气泡，以满足不同的需要。

实际应用中，电浮选依靠安放在处理池底部的电解槽生成气泡，电解槽中的两块网状电极间距较近。被处理的水流不能过大，以免干扰气泡在上升过程中对各种颗粒的捕捉作用。处理低离子浓度的液体时，往往采用电浮选产生扩散性更好的气泡。电浮选过程采用的电流强度一般为中等水平（0.1～10mA/m^2），能耗在0.2～0.4kW·h/m^3范围内，反应器的槽电压大约为10V。电浮选反应器容量一般都不会很大，最大处理速率为150m^3/h。有时在电浮选过程中，选用铝质或铁质的可溶性阳极，阳极材料在电解过程中会发生溶解，形成一些具有絮凝作用的胶体物质，如$Al(OH)_3$和$Fe(OH)_3$等。这些物质能促使水中胶态杂质絮凝、沉淀而实现污染物的分离。实际上这也是电凝聚和电浮选过程的结合。电凝聚/电浮选法可以作为超滤技术的替代方法用于含重金属、表面活性剂、油污、氟化物离子和其他碳氢化合物的污水处理。

四、电化学消毒

近年来，电化学过程用于水处理消毒取得了长足的发展。电化学过程的主要优势在于消毒剂的制备在反应现场进行，如通过电解海水与污水的混合水体，生成有效氯，因此从根本上避免了普通氯消毒中具有极大潜在危险的消毒剂的运输与储藏。据有关研究报道，电化学法能杀灭多种有害微生物。与此同时，电化学法能利用电极氧化或电极还原等特征反应去除水中多种离子性杂质，如硫酸盐、磷酸盐或氯盐，铜、汞、铅、镍、铁等重金属离子以及有机物。此外，电化学消毒系统可具有延迟消毒能力，即在电场停止作用后，仍旧能够杀灭细菌。电化学消毒目前的典型应用主要涉及城乡饮用水消毒，游泳池水、浴池水消毒，工业冷却循环水杀菌灭藻；工业污水处理：含氰废水、印染废水的氧化处理，造纸污水脱色处理；医院器具、饮食行业器具消毒，医院污水消毒处理等。

研究表明，电化学消毒过程中电流密度、pH 值、反应时间和电极材料等对消毒效果影响很大，使用的电极材料也多种多样，包括活性炭纤维、石墨、各种 DSA 涂层电极等。电化学在环境工程方面的其他应用还包括电渗析、电化学膜分离技术等，篇幅所限我们不再赘述。

电化学技术在环境污染物去除方面获得应用的前提是降低成本、提高效率。研制和开发具有良好电催化活性和稳定性的电极材料是解决这一问题的关键。不同的电极材料，对应着不同的电催化过程和反应机制，掌握这方面的规律可以为新型电极材料的开发提供新的理论与应用依据。

第三章　高效光催化材料

随着人类社会的发展，大气污染、水污染及噪声污染成为世界的三大公害。尤其在经济发达的工业化国家已成为普遍问题，引起了人们对环境保护的高度重视。控制和治理大气与水环境污染，维护生态平衡，改善人类赖以生存的自然环境是人类迫切需要解决的问题之一。

传统上，一般采用催化燃烧、化学氧化、生物、吸附等方法对污染物加以去除，但都存在一定的局限性，如设备投资及运行费用较高、去除不完全、造成二次污染等，使这些方法难以满足净化处理在技术和经济上的要求。因此，发展新型实用的环保技术是非常必要的，随着研究的深入，人们发现半导体光催化技术在去除污染物等方面，具有能耗低、氧化能力强、反应条件温和、操作简便、可减少二次污染等突出特点，有着广阔的应用前景，将可能逐渐成为实用的工业化技术。大量实验证实，染料、表面活性剂、有机卤化物、农药、氰化物、酚类、多氯联苯和多环芳烃等污染物，都能够有效地被光催化氧化降解、脱色、去毒等，最终矿化为无机小分子物质，从而消除或减缓对环境的污染。

从理论上来说，半导体吸收的光能大于或等于其带隙能，便可以激发产生电子和空穴，该半导体就有可能被用作光催化剂。由于涉及材料成本、催化活性、化学稳定性、抗光腐蚀能力及光匹配性能等多种因素，真正实用的尚需优化研究，通常可采取一些表面修饰、改性以及复合等技术。常见的半导体光催化剂多为金属氧化物如 ZnO、TiO_2 和 Fe_2O_3 等，这些光催化剂对各自的特定反应有突出优点，具体研究中可根据需要选用。TiO_2 因其价廉、无毒、催化活性高、氧化能力强、稳定性好、易于回收等性质而备受人们青睐，尤其在液相光催化氧化过程中，目前其被认为是最理想的光催化剂；而 ZnO 次之。

近 20 年来，半导体光催化氧化技术获得了较大的发展，国内外围绕着半导体光催化材料的制备、改性、表征、作用机理和应用等方面的研究报道较多，这对于开发新型高效的污染物处理技术必将起到重大推动作用。

第一节　半导体光催化材料研究进展

在世界环境资源短缺，产业转型升级的重要时间段，创建“资源节约型”、“环境友好型”新工业刻不容缓。当前的环境污染问题与新能源的开发利用已经成为当前研究的重中之重。光催化技术作为洁净的技术，以太阳能为原料，在半导体介质下进行独特的催化反应。进而将有机污染物降解为无机污染物，达到绿色环保、节能高效地降解有机废物的目的。本研究意在总结当前比较成熟的几种半导体光催化材料的研究进展。

一、$BiFeO_3$负载合金的半导体光催化材料研究进展

涂乔逸等在2018年以五水合硝酸铋和五水合硝酸铁为原料制备了铁酸铋纳米材料，以四氢硼合钠为还原剂，成功制备了负载钯合金的$BiFeO_3$半导体光催化材料。并在紫外–漫反射图谱与X射线能谱进行表征。结果显示$BiFeO_3$在成功负载钯金属后的光催化效果有显著增强。在pH=3，电流强度为200 mA的条件下，基本可以将对硝基苯酚完全去除。阿比迪古丽·萨拉木等在实验室中，以原料九水合硝酸铁与五水合硝酸铋，经溶解、脱水、静置退火得到$BiFeO_3$。在经X射线衍射图谱发现，退火温度为550℃的衍射峰尖锐并且没有杂峰。在不同质量分数的亚甲基蓝降解液中，在可见光部分具有较好的光催化活性。但是所降解的物质浓度对此薄膜的光催化效率也有部分影响。

二、TiO_2光催化材料

作为一种常见的半导体，TiO_2能携带3.2 eV的能量。在紫外光的照射下，表层电子溢出，到达导带，则会产生一对空穴。在电子进入空穴之后可以加快光降解的氧化还原反应的发生。而当前的主要瓶颈在于如何提高TiO_2的活性改性。

当前较为成熟的制备纳米二氧化粉末的方法为水热法。主要分为以下几步：（1）晶核的形成，尿素在高温下溶解，析出微粒作为晶核。（2）晶核的长大以及水合二氧化钛的生成。（3）随着温度进一步升高，生成的二氧化钛脱去结晶水，生成纳米二氧化钛的微小晶体。石凯等应用水热法制备锐钛矿/金红石TiO_2混合晶体。通过多种手段对制备的晶体进行了表征讨论，对罗丹明B的降解能力进行了测试。得到在金红石所占比例为20%的情况下得到了最好的光催化活性。曹培等制备了带有TiO_2壳的短棒状介孔二氧化硅–二氧化钛的复合材料。在可见光的条件下就甲基橙的分解效果进行了探讨。结果表明在4.5 h的时候可以分解99.5%的甲基橙。光催化效率较高。

三、n-p 异质结型 CdS/BiOBr 复合光催化剂

高晓明等在实验室中，以次甲基蓝、硝酸铋、溴化钾、无水乙醇、氨水、噻吩、二水合乙酸镉，正辛烷、乙二醇和硫脲为原料，采用两步水热法分离干燥得到 CdS/BiOBr 光催化材料。在可见光的照射下，CdS/BiOBr 光催化材料的价带与导带上产生空穴和电子，进而氧化次甲基蓝中的活性部位。或者与溶剂水反应生成羟基自由基，进而与次甲基蓝反应。应用 CdS/BiOBr 复合光催化剂催化降解次甲基蓝，在光照条件下次甲基蓝溶液在波长为 664 nm 与 293 nm 处的吸收强度呈降低的趋势。

四、SmVO4/g-C3N4 异质结复合物材料

类石墨相（g-C_3N_4）是一种优良的半导体，对载流子的运输能力强，在光催化领域有广泛应用。钒酸钐作为少见的电子结构和中等宽度的带隙，可以显著提高 g-C_3N_4 在可见光范围内的光催化活性。在光催化领域，此异质结复合物材料在治理水污染方面有很大成效。

付孝锦等用钒酸钠和聚乙烯吡咯烷酮溶于乙醇，丙三醇，三乙醇胺的混合液制备了 $SmVO_4$/g-C_3N_4 异质结复合物催化剂，发现其负载量在 8%时 $SmVO_4$/g-C_3N_4 异质结复合物催化剂可以达到最高的催化活性，主要应用于水体净化与工业水污染净化。

五、Fe2O3 光催化剂的研究进展

肯尼迪等在 1978 年研究 α-Fe_2O_3 的光电性能，并以水在阳极上的光分解问题进行了讨论。1986 年，钱修琪等成功研制了 p-n 结型 Fe_2O_3 粉末光催化剂。并证明了只有在光电信号的存在下，Fe_2O_3 才可以具有光催化活性。李爱梅等用不同的方法制备的 Fe_2O_3 对同一造纸厂的废水进行了有机物降解研究。向莹等通过测试对亚甲基蓝的降解程度成功合成了以 Fe_2O_3 为主体的纳米粒子复合纤维素膜。2016 年，江秀榕等成功合成了稳定性较好的 Fe_2O_3 粉末，发现其对刚果红有很好的降解能力。

在原有的 Fe_2O_3 光催化剂的前提下，同时发现了很多缺陷，例如电子空穴的复合率高、扩散长度短等问题。为了解决以上缺陷，提高 Fe_2O_3 的催化活性，很多学者对于 Fe_2O_3 光催化剂进行了改性研究。

1988 年，曾恒兴等成功制备了在 Fe_2O_3 中掺杂银与铂的催化剂，提高了光催化活性。徐志兵等在 2009 年成功合成了 Ag/Fe_2O_3 复合微球，并经实验证明 Ag/Fe_2O_3 复合微球在紫外光的条件下能更好地进行光催化反应。李雪莲等[13]在 2016 年通过调节 Fe^{3+} 水热反应的时间、温度及 Fe^{3+} 与 Zn^{2+} 投料量之比等条件，制得了 α-Fe_2O_3 纳米材料，用其对甲基橙进行

光催化降解取得了较好的实验效果。

六、聚合物半导体材料光催化研究进展

目前研究较多的半导体光催化多为金属或金属氧化物的半导体。例如二氧化钛，氧化锌，三氧化二铁等。然而由于二氧化钛其带隙较宽，只能对紫外光有相应，而三氧化二铁等催化剂的禁带较窄，其氧化能力较弱。故学者们对半导体的改性技术的眼光转变到聚合物半导体材料上。

聚苯胺具有良好的防腐蚀性、稳定性以及无毒无害的低成本使科研工作者注意到。2010 年杜记民等以钛酸四丁酯、苯胺通过化学氧化原位聚合和溶胶–凝胶法，制得了 TiO_2/聚苯胺复合材料，在与甲基橙的光催化测试中，发现其催化效率有很大提高，成功将聚合物与金属氧化物复合。冉方等[16]在 2017 年成功合成了 $ZnFe_2O_4$/聚苯胺纳米复合材料，发现其对罗丹明 B 具有良好的降解能力。

聚噻吩也是一种常见的与金属氧化物复合的有机聚合物。因为其禁带宽度较小，并且导电率高，所以可以成为与二氧化钛与二氧化锡复合的理想材料。王红娟等在用聚噻吩与二氧化锡成功制备了含有共轭结构的聚噻吩/二氧化锡材料，并成功在光反应条件下降解甲基橙，发现降解效果有明显提高。敏世雄等在聚噻吩与二氧化钛光催化反应的研究中成功得到了聚噻吩/二氧化钛复合光催化材料。并最终测得其在与苯酚的光催化降解的过程中，在紫外光与太阳光的条件下有较高的光催化活性。

阐述了多种常见的半导体光催化剂在不同波长与降解不同有机物时取得的成绩。大量研究表明，目前的光催化剂研究处于良好的、快速的发展中。由于利用丰富的太阳能能源，光催化反应也作为新型的方向备受关注。然而当前的主要瓶颈在于部分半导体材料的自身有缺陷。此外，大部分半导体光催化材料只在实验室阶段实验成功，还不能大规模运用到工业生产中。对于以上问题，还有待科研工作者的共同努力。

第二节　光催化材料的结构及性能

一、光催化剂的晶体结构对性能的影响

（一）晶型的影响

晶体结构对其光催化性能有重要的影响，众所周知，TiO_2 主要存在三种晶型：锐钛矿型、金红石型和板钛矿型。通常用作光催化剂的 TiO_2 主要有锐钛矿和金红石两种晶型。一

般认为锐钛矿型的光催化活性高于金红石型。二者的差别在于相互连接的 TiO_6 八面体的畸变程度和八面体间的相互连接方式不同，导致其密度和电子能带结构的差异。这些结构上的差异导致了两种晶型有不同的质量密度及电子能带结构，因而两者光催化活性亦有一定差别。

TiO_2 的光催化性能不仅取决于光生载流子电极电位的高低，而且还取决于光生载流子的输送。通过测定瞬间光生电流谱发现，介孔 TiO_2 薄膜中电子的扩散系数与晶相有关。锐钛矿相中的电子扩散系数较金红石相高。高的电子扩散速率能有效地阻止光生电子和空穴的复合，因此，目前多采用锐钛矿相 TiO_2 作为光催化剂。无定形或非晶的 TiO_2 对光催化效应是非常不利的，由于非晶电阻高，不利于光生载流子的输送，非晶成分往往成为电子和空穴的复合中心。

更多的研究则认为，锐钛矿型与金红石型的混晶由于具有混晶效应（锐钛矿型晶体的表面生长了薄的金红石型结晶层，由于两种晶型 TiO_2 导带和价带能级的差异，能有效地促进锐钛矿型晶体中光生电子、空穴电荷分离）而具有较高的光催化活性。Hurum 等人进一步研究认为，混晶使 TiO_2 可见光光催化性能提高的原因为：金红石较小的带隙能，使光吸收范围延伸到了可见光区；激发电子从金红石迁移到锐钛矿，有效地抑制了 “电子空穴” 对的复合；小粒径的金红石的存在有利于其表面电子迁移到两种晶型的相界面上产生具有催化作用的 “热点”。锐钛矿与金红石两相之间存在一定的比例关系，有人认为 m（锐钛矿矿）/m（金红石）=9/1 时催化效果最佳。

（二）晶格缺陷的影响

根据热力学第三定律可知，除了热力学零度，所有的物理系统都存在不同程度的无规则性，实际的晶体都是近似的空间点阵式结构，总存在一种或几种结构缺陷。当有微量杂质元素掺入晶体中时，也可能形成杂质置换缺陷。由于缺陷的存在，原子的扩散以跳跃的方式在缺陷处移动。移动机理可分为四种：

①空位机理。正常部位上的原子跳跃进入邻近的空位中，原子向与空位移动方向相反的方向移动；②间隙机理。间隙部位上的原子通过几个可能的鞍点中的一个，跳跃进入另一个间隙部位，因此，使晶格发生相当大的畸变；③亚间隙机理。间隙部位上的原子推动邻近的晶格原子进入另一个间隙部位，而它本身则跳跃进入由此产生的空位中，总结果和 “②” 一样，但避免了过分的晶格畸变；④直接交换、环行机理。处于对等位置上的两个或两个以上的结点原子，同时跳跃进行位置交换，由此而发生移动，这种情况在理论上可能，而实际上很少存在。锐钛矿型 TiO_2 晶格中含有较多的缺陷和错位，从而产生较多的氧空位来捕获电子，而金红石型 TiO_2 是最稳定的晶型结构形式，具有较好的晶化态，缺陷少，

导致光生空穴和电子容易复合。这些缺陷的存在对光催化活性可能产生非常重要的影响，有的可能成为电子空穴的捕获中心，抑制了二者的复合，以至于光催化活性有所提高，但也有的缺陷可能成为电子空穴的复合中心而减低反应活性。

（三）晶粒尺寸和比表面积的影响

光催化剂的晶粒尺寸和比表面积对光催化活性有重要的影响。对于一般的多相催化反应，在反应物充足的条件下，当催化剂表面的活性中心浓度一定时，表面积越大，则活性越高。但对于光催化反应，它是由光生电子与空穴引起的氧化还原反应，在催化剂表面不存在固定的活性中心。因此，表面积是决定反应基质吸附量的重要因素，在晶格缺陷等其他因素相同时，表面积大则吸附量大，活性就高。实际上，由于对催化剂的热处理不充分，具有大表面积往往也存在更多的复合中心，当复合过程起主要作用时，就会出现活性下降的现象。

晶粒度是影响光催化活性的重要因素。目前应用于光催化 TiO_2 均为纳米级的，与体相 TiO_2 相比，纳米 TiO_2 有更高的光催化氧化还原能力。晶粒尺寸越小，光催化活性越高，主要是因为：①纳米半导体粒子的量子尺寸效应使其导带和价带能级变得更为分立，吸收波长蓝移，禁带宽度变宽，导带电位更负，价带电位更正，因而氧化还原能力增强，当粒径为纳米级特别是接近 10nm 时，导带和价带出现分裂，带隙变宽，导带电位更负，价带电位更正，即产生量子尺寸效应，此时 TiO_2 具有更强的氧化还原能力，从而提高了光催化活性；②粒径减小缩短了光生载流子从晶粒内部扩散到表面的时间 （粒径为 1μm 的 TiO_2 粒子中电子从体内扩散到表面约需 100ns，而在粒径为 10nm 的微粒中只需 10ps），减少了其在体相内的复合；另外当 TiO_2 粒径小于其空间电荷层的厚度时，光生载流子可通过简单的扩散从粒子内部迁移到粒子表面，因此获得更大的电荷迁移速率，降低 “电子空穴”复合的概率；③TiO_2 粒径减小时，会使表面原子所占比例增大，光吸收率提高，同时减小了光的漫反射，也有利于提高光的吸收率；④纳米粒子的比表面积大，反应接触面积大，有利于对反应物的吸附。对于光催化反应，比表面积是决定反应活性的重要因素，在晶格缺陷等其他因素相同时，表面积越大，有机物和氧气等的吸附量越大，则光催化活性越高。

（四）表面羟基、表面电荷的影响

纳米 TiO_2 的表面存在钛羟基结构，而钛羟基是捕获光生空穴的浅势阱，能发生反应产生过氧化物，起复合中心的作用，因此表面羟基越多，纳米 TiO_2 的光催化活性越高。实验结果表明，纳米 TiO_2 的光催化活性与表面的 Ti^{3+} 的数量有关，随纳米 TiO_2 表面的 Ti^{3+} 的数量增多，半导体的费米能级升高，界面势垒增大，不利于电子在表面的累积；同时 Ti^{3+} 通过吸附分子氧，形成了捕获电子的部位，有利于电子向分子氧转移，由于载流子寿命相对空穴短，电子向分子氧的转移是光催化氧化反应的速率控制步骤，因此纳米 TiO_2 表面的 Ti^{3+} 的数量增多，促进了电子与空穴的有效分离和界面电荷的转移，降低了空穴的复合概率，从而提高了纳米 TiO_2 的光催化性能。

二、提高光催化性能的途径

半导体粒子的光催化特性已经被许多研究所证实，但是如何进一步提高光催化剂的光谱响应、光催化量子效率及光催化反应速率一直是半导体催化剂氧化技术研究的中心问题。许多研究表明，通过对半导体纳米材料沉积贵金属或其他金属氧化物、硫化物，掺杂无机离子，光敏化以及表面修饰等方法引入杂质或缺陷，可以显著改善光吸收及光催化性能，从而进一步提高半导体光催化氧化技术的经济和实用问题。

（一）表面贵金属沉积

一般说来，沉积贵金属的功函数（ϕs）高于半导体的功函数（ϕm），当两种材料联结在一起时，电子就会不断地从半导体向沉积金属迁移，直到二者的 Fermi 能级相等为止。在两者接触之后形成的空间电荷层，金属表面将获得多余的负电荷，半导体表面上负电荷完全消失，从而大大提高光生电子输运到溶解氧的速率。

半导体表面贵金属沉积是通过浸渍还原、表面溅射等办法在半导体光催化剂的表面沉积适量的贵金属（如 Pt、Pd、Ru 等），可以显著提高光催化性能。这些贵金属沉积的光催化剂普遍提高了半导体的光催化活性，并且适用范围极为广泛，包括水分解、有机物的氧化降解以及重金属的还原等。

（二）离子掺杂

掺杂离子在半导体材料中的作用，主要是在半导体的禁带中引入一些杂质能级，使得半导体材料能对较长波长的光子产生响应，拓宽半导体材料对光的利用区域。另外，还通过参与快速俘获及释放光致载流子，控制光致载流子在半导体粒子内部的扩散过程，影响光致载流子的寿命，从而达到改善半导体材料的光催化性能的目的。因此，理想的掺杂离子应该在半导体材料内形成合适的施主能级或受主能级，且这些能级的位置距离导带和价带比较合适，以达到既可以复活载流子以实现光生载流子分离的目的，又能够快速释放载流子以避免成为载流子失活中心。

许多过渡金属离子具有对太阳光吸收灵敏的外层 d 电子，所以采用过渡金属离子对光催化剂进行掺杂改性可以使其光吸收波长范围扩展到可见光区域，增加对太阳能的转化和利用；过渡金属离子掺杂还可以在半导体催化剂中增加缺陷中心，在能带中引入杂质能级，这种杂质能级可以成为光生载流子的捕获阱，由于金属离子对电子的争夺，减少了催化剂表面光致电子与光致空穴的复合，延长载流子的寿命。从而使催化剂表面产生更多的·OH和·O^{2-}，提高催化剂的活性。

研究表明，在 TiO_2 晶格中掺杂少量过渡金属离子，即可在其表面产生缺陷或改变其结晶度，成为光生 “电子　空穴”对的浅势捕获阱，延长电子与空穴的复合时间，使得 TiO_2 纳米晶电极呈现出 p–n 型光响应共存现象，降低光生“电子空穴”复合的概率。激光闪光光解实验表明，Fe^{3+}掺杂的激发载流子寿命由原来的 200 μs 增至 50ms，可以在 415nm 产生一个新的从三价铁离子 d 轨道到 TiO_2 导带的跃迁。

当然并非所有的过渡金属离子掺杂都能提高光催化的效率，而只有电子结构和离子半径能与半导体的晶型结构、电子结构相匹配的金属离子，可形成有效的掺杂，从而提高光催化效率，而且离子掺杂量也有很大的影响。一般来说，过渡金属离子的掺杂量都不大，否则反而有可能成为载流子的复合中心而加速复合过程。适当的过渡金属离子掺杂可以在半导体晶体中引入晶格缺陷，使之形成更多的光催化活性位，但过多的掺杂量会增加催化剂表面载流子复合中心的数目，使活性下降。

对于非金属元素的掺杂，目前研究还比较少，主要集中在周期表氧附近的元素，如 B、C、N、F 等。非金属元素的掺杂一般是在 TiO_2 中引入晶格氧空位，或部分氧空位被非金属元素取代，形成 $TiO_2-_xA_x$（A 代表非金属元素）晶体，使 TiO_2 的禁带窄化，从而扩宽辐射光的影响范围。目前对N的掺杂研究较多，日本学者 Ihara 等人将 $Ti(SO_4)_2$ 与氨水的水解产物在 400℃的干燥空气下煅烧，得到的 TiO_2 光催化剂能够吸收波长范围为 400 ~ 550nm 的可见光，结构表现为锐钛矿型 TiO_2 晶格中存在很多氧空位，同时部分氧空位被N所取代形成 $TiO_2-_xN_x$ 类晶。

（三）半导体复合

复合半导体光活性的提高归因于不同能级半导体间光生载流子的输送和分离，从而扩展光谱响应的范围，提高量子效应，其修饰方法包括简单的组合、掺杂、多层结构和异相结合等。

常用的半导体的复合是将一种宽能带隙、低能导带的半导体与窄能带隙、高能导带的半导体复合，不仅可以降低受激所需的能量，使复合催化剂的光谱响应范围向可见光区移动，而且光生载流子从一种半导体注入另一种半导体的微粒，可以有效地阻隔 “电子空穴”对的复合通路，导致了有效的和较长时间的电荷分离而提高光催化活性。

还有一种是半导体和绝缘体的复合，这些绝缘体主要起着载体的作用，半导体材料负载于适当的载体后，可以获得较大的表面和适当的孔结构，并具有一定的力学强度，以便在各种反应床上应用。另外载体与活性组分之间的相互作用可能产生一些特殊的性质。如由于不同金属离子的配位及电负性不同而产生过剩电荷，增加半导体吸引质子或电子的能力等，从而提高了催化活性，但是复合半导体各组分的比例对其光催化活性有很大的影响。

（四）表面光敏化

表面光敏化主要是在半导体表面通过物理、化学吸附光敏染料，进而扩大光催化剂对光的响应范围。增加光催化反应的效率，这一过程称为催化剂表面光敏化作用。有效的敏化剂容易吸附在半导体表面且敏化剂激发态的能级与半导体的导带能级相匹配。已报道的敏化剂包括一些贵金属的复合化合物，如 Ru 及 Pd、Pt、Rh、Au 的氯化物及各种有机染料，包括叶绿酸、联吡啶钌、曙红、酞菁、紫菜碱、玫瑰红等。这些物质通过化学吸附或物理吸附，在半导体粒子表面形成单层的有机膜，当光照射颗粒表面时，有机膜吸收可见光，形成或激发单重态或激发三重态，只要活性物质激发态电势比半导体导带电势更负，电子就从这些电子激发态注入半导体的导带，从而扩大激发波长范围，更多的太阳光得到利用。最终再转移给吸附在催化剂表面的有机受主，而自身变为正碳自由基。目前，染料敏化主要应用于电池的研制和光催化还原。

（五）表面螯合和衍生作用

表面衍生作用及金属氧化物在表面的螯合作用也能影响光催化活性，含硫化合物、OH^-、EDTA 等螯合剂能影响一些半导体的能带位置，使导带移向更负的位置。通过表面衍生也能提高界面电子迁移率，进而影响光催化活性。如四硫化邻苯菁钴（Ⅱ）[CoⅡTSP]，它是一种有效的光电子捕获剂，可以促进 TiO_2表面的氧化　还原反应，通过共价键与 TiO_2 表面隧道配位连接。当产生光生电子后，光生电子迁移到 CoⅡTSP 表面且形成超氧阴离子自由基。也有发现：较未改性的 TiO_2，用邻苯铁（Ⅲ）菁改性的 TiO_2（Fe Ⅲ Pc / TiO_2）极大地提高了对胺苯酸、对硝基苯酸、对氯苯氧乙酸、水杨酸及苯胺的降解率。光催化活性的提高主要是由于邻苯铁（Ⅲ）菁和 TiO_2协同作用产生羟基自由基（·OH）。

第三节　光催化材料的制备与表征

进入 20 世纪 90 年代以来，纳米科技的高速发展为纳米光催化材料的应用提供了极好的机遇。光催化材料是光催化过程的最关键部分，光催化材料的活性及分布形态是其能否实用化的决定性因素。控制光催化材料粒子的粒径、表面积等技术手段日趋成熟，因此通过材料设计与制备，提高光催化材料的量子产率成为可能，同时，工业化进程的加快使得全球的环境污染问题日益严重，环境保护和可持续发展成为人们首要考虑的问题，从而光催化材料的制备工艺和过程的研究与控制成为科学家们研究的重点。

一、光催化材料的制备

光催化材料的催化性能主要取决于它的化学组成和结构。然而由于制备方法不同，尽管化学成分和用量完全相同，所得到的催化剂的催化性能可能会有很大差异。因此，研究催化剂的制备方法具有非常重要的实际意义。一种好的制备方法，制备出来的纳米微粒应是粒径小且分布均匀，所需设备也尽可能的简单易行。因此，制备的关键是控制微粒的大小和获得较窄的粒度分布。光催化纳米材料的制备方法可从不同的角度进行分类，按反应物状态可分为干法和湿法；按反应类型可分为物理方法和化学方法；也可按反应介质分为固相法、液相法和气相法三种。不论何种方法，根据晶体生长规律，都需要在制备过程中加快成核步骤，抑制生长步骤。一般来说，成核过程非常快，依赖粒子本身性质，而生长过程则依赖浓度、温度及溶剂等诸多因素，因此有效控制其生长过程便可以保证纳米粒子具有较小的粒度。

（一）固相法

固相法是通过从固想到固相的变化来制造粉体，一般指机械粉碎法，用于粗颗粒微细化。固相合成纳米材料的方法主要有热分解法、固相反应法、火花放电法、溶出法、球磨法等。该法是一种传统的粉化工艺，具有成本低、产量大、制备工艺简单易行的优点。但对于固相，分子或原子的扩散很迟缓，集合状态是多样的，具有所得粉末不够细、杂质易于混入、粒子易于氧化等特点。

（二）气相法

气相法指直接利用气体或者通过各种手段将物质变为气体，使之在气体状态下发生物理或化学反应，最后在冷却过程中凝聚长大形成纳米微粒的方法。气相法包括真空蒸发法、等离子体法、化学气相沉积法等。用该法可以制备出纯度高、颗粒分布性好的纳米超微粒，但是气相法对技术和设备要求较高，使其研究受到了一定的影响，在此不做详述。

（三）液相法

液相法是用可溶性金属盐溶液制备纳米光催化剂的一种常用方法。该法的基本过程是：选择一种或多种合适的可溶性的金属盐类，按所制备的材料组成配制成溶液，使各元素呈离子或分子态，再选择一种合适的沉淀剂或利用蒸发、结晶、升华、水解等化学单元操作，将金属离子均匀沉淀或结晶出来，最后将沉淀结晶物脱水或热分解而得到纳米粒子。这种方法容易控制组分，特别是对多组分体系化合物的合成，其控制要比气相法优越。由于液相法比较机动灵活，设备简单，制备的粉体小，组分可控，因此被普遍采用。此法不足之处是，生成的微粉中易含有形成凝聚体的假颗粒，这些假颗粒再分离比较困难，同时易引入杂质，过程中的阴离子或阳离子很难洗净，液相法常用的方法可分为如下几种。

①溶胶–凝胶法。溶胶–凝胶法是20世纪80年代兴起的一种制备纳米材料的湿化学方法，是最常用也是最有效的手段和方法之一。该法是以一些易水解的金属化合物（无机盐或金属醇盐）为原料，在饱和条件下，经水解、缩聚等化学反应先制得溶胶，然后将溶胶转化为凝胶，再经热处理而得到氧化物或其他化合物固体的方法。

王永强等人在酸催化体系中以钛酸丁酯为前驱体制得SiO_2溶胶，以正硅酸乙酯（TEEOS）为前驱体制得SiO_2溶胶，采用提拉法在普通载玻片上镀膜。辅助M A S S膜系设计软件进行模拟计算，得到了透射比为9 9 %的膜片。根据理论模拟结果，实验采用交叉镀膜，得到了不同类型的TiO_2–SiO_2多层膜，其中双面镀h1膜片在400 ~ 700nm光谱范围内的透射比可提高3 %左右，h1h膜片的透射比可提高5.5%左右。

溶胶–凝胶法技术具有纯度高、均匀性好、合成温度低 （甚至可在室温下进行）、制备工艺过程相对简单、化学计量比及反应条件易于控制等优点，在纳米材料合成与制备中有十分重要的应用。可用于制备薄膜、超细或球形粉体、陶瓷光纤、多微孔无机膜、单集成电路陶瓷或玻璃、多孔气凝胶材料、复合功能材料、纤维及高熔点玻璃等。

②液相沉淀法。液相沉淀法是利用液相化学反应合成金属氧化物纳米光催化材料较普遍的一种方法。该法是利用各种溶解在水中的物质反应生成不溶性氢氧化物、硫酸盐、碳酸盐和乙酸盐等，再经过滤、洗涤，将沉淀物加热分解，得到最终所需要的纳米材料。液相沉淀法主要包括直接沉淀法、共沉淀法和均匀沉淀法。

直接沉淀法是在金属盐溶液中加入沉淀剂，金属阳离子与沉淀剂阴离子直接发生化学反应，在一定条件下生成沉淀析出，沉淀经洗涤、热分解等处理后得到纳米粉体。直接沉淀法操作简单易行，对设备技术要求不高，不易引入杂质，有良好的化学计量性，成本较低。缺点是洗涤原溶液中的阴离子较难，得到的粒子粒径分布较宽，分散性较差。

共沉淀法是制备含有两种以上金属元素的复合氧化物纳米光催化剂的主要方法。它是在含有多种金属离子的溶液中加入一定的沉淀剂，得到均一相组成的沉淀，沉淀经热分解后得到复合的纳米氧化物粉体。

均匀沉淀法是使溶液中的构晶离子通过缓慢的化学反应从溶液中逐步、均匀地释放出来，从而使之沉淀在整个溶液中处于一种平衡状态，均匀地析出。即通过化学反应使沉淀剂在整个溶液中缓慢生成，克服了由外部直接向溶液中加入沉淀剂而造成沉淀剂的局部不均匀性。

③水热与溶剂热法。水热和溶剂热合成是无机合成化学的一个重要分支。水热法是指在特制的密闭反应器（高压釜）中，采用水溶液作为反应体系，通过将反应体系加热至临界温度（或接近临界温度），在反应体系中产生高压环境而进行无机合成与材料制备的一种有效方法。在水热基础上的溶剂热合成研究是近二十年发展起来的，主要是指在非水有机溶剂热条件下的合成。在水热法中，水是传递压力的媒介，在高压下，绝大多数反应物都能部分溶解于水，促使反应在液相或气相中进行，但是水热法只适用于氧化物材料或少数一些对水不敏感的硫化物的制备。所以在此基础上，将水热法中的水换成有机溶剂或非水溶性介质（例如有机胺、氨、醇、四氯化碳等），以制备在水溶液中易水解、易氧化或对水敏感的材料，扩大了水热的应用范围，此类反应称为溶剂热。人们在水热／溶剂热过程中制备出晶粒发育完整、纯度高、形状以及大小可控且分布均匀的纳米微粒，同时，由于反应在密闭的高压釜进行，有利于有毒体系中的合成反应。

④微乳液法。微乳液是由表面活性剂、助表面活性剂（通常为醇类）、油（通常为烃类化合物）和水（或电解质溶液）组成，在表面活性剂的作用下，将水相高度分散在油相中或反之形成的“油包水（W／O）”或“水包油（O／W）”型热力学稳定体系，在该体系中，细小的水滴或油滴可以被看作一个个“微型反应器”。微乳液的这种结构从根本上限制了颗粒的生长，通过控制微反应器的尺寸，从而控制微粒的大小，可以控制在几到几十纳米之间，尺度小且彼此分离，是理想的反应介质。利用微乳液法可以制备许多纳米颗粒材料，包括无机化合物、聚合物、金属单质与合金、磁性氧化物颗粒、高温超导体等。

冯德荣等人以 $TiCl_4$ 为原料，在 CTAB／正丁醇／环己烷／水组成的微乳液体系中制备了纳米 TiO_2 粉末。通过粉体对苯酚的降解情况对其光催化活性进行了测试，结果表明 TiO_2 具有良好的光催化氧化性能。

微乳液法具有设备简单、能耗低、操作容易，并且可以控制粒子大小等优点，但研究还处于起步阶段，微乳反应器内的化学反应原理、反应动力学、热力学及化学工程等问题都有待解决。

⑤低温燃烧法。低温燃烧合成是以有机物为反应物的燃烧合成。它是利用有机盐凝胶或有机盐与金属硝酸盐的凝胶在加热时发生强烈的氧化还原反应所放出的热量，使反应在较低的温度下以自蔓延燃烧的方式进行，并产生大量气体，可自我维持，合成出氧化物粉末，又称溶胶–凝胶燃烧合成、凝胶燃烧等。该法是在溶胶–凝胶和自蔓延高温合成工艺基础上发展起来的制备材料的新方法，属于高新技术领域。其最大的特点是利用反应自身所放出的热量来合成材料，合成过程所需时间非常短，一般在几秒内就可完成，而且原料可

以在溶液中均匀混合，能够精确地控制反应的化学计量比，十分适合制备单组分和复合氧化物粉体。

董抒华等人采用低温燃烧法制备了 $LaFe1\text{-}_xZr_xO_3$ 的纳米粒子催化剂，研究了其对亚甲基蓝紫外光照射降解的光催化活性。结果表明：在 B 位掺杂 Zr 后，$LaFeO_3$ 光催化活性明显得到提高，且光催化剂晶粒分散性好、尺寸分布窄，并具有均匀的微孔结构，是一种非常有前途的光催化剂。

⑥溶剂蒸发法。把溶剂制成小滴后进行快速蒸发，使组分偏析最小，制得纳米粒子，一般采用喷雾法 （包括冷冻干燥、喷雾干燥以及喷雾热分解法）。

二、光催化材料的表征

纳米光催化材料的表征包括材料本身的形态、大小、化学组成、晶型以及各种谱学特征，这是光催化材料研究的一个重要内容。通过近代物理方法和实验技术对光催化材料纳米粒子的表面及体相结构进行研究，可以加深对纳米粒子微观结构和能带结构的理解，以及对纳米半导体光生电荷分离及转移过程特性、光催化行为及其反应机理的认识。目前用来表征半导体光催化材料的方法主要有以下几种。

（一）热分析方法

热分析是研究物质在受热或冷却过程中其性质和状态的变化，并将此变化作为温度或时间的函数，来研究其规律的一种方法。1977 年在日本京都召开的国际热分析协会（ICTA）第七次会议上，给热分析下了定义：即热分析是在程序控制温度下，测量物质的物理性质与温度的关系的一类技术。热分析法具有快速、简便、连续等优点，目前已广泛应用于有机化合物、无机化合物、高分子化合物、电器及电子用品、冶金与地质、生物及医学、石油化工、轻工等领域。下面介绍一下几种常用的热分析技术。

①热重法。热重法是在程序控制温度下，测量物质的质量与温度关系的一种技术。实际上就是利用热天平在受热情况下连续称重进行热分析的方法。许多物质在加热过程中常常伴随质量的变化，这种变化有助于研究晶体的性质，如熔化、蒸发、升华和吸附等物理现象，也有助于研究物质的脱水、解离、氧化、还原等化学现象。热重法实验得到的曲线称为热重曲线（TG 曲线），TG 曲线一般以质量作纵坐标，从上向下表示质量减少；以温度 （或时间）作横坐标，自左至右表示温度 （或时间）增加。TG 技术在热分析中占有重要地位，利用 T G 曲线可以进行定性和定量分析。

②差热分析法。差热分析法是在程序控制温度下，建立被测量物质和参比物的温度差与温度关系的一种技术。数学表达式为：

$\Delta T = T_s - T_r = f$（T 或 t）

式中，T_s，T_r分别为试样及参比物的温度；T 是程序温度；t 是时间。实验得到的曲线叫差热曲线或 DTA 曲线，纵坐标为试样与参比物的温度差（ΔT），向上表示放热，向下表示吸热。横坐标为 T 或 t，从左向右为增长方向。

根据 DTA 曲线的特征，如吸热与放热峰的个数、形状及相应的温度等，可定性分析物质的物理或化学变化过程，还可根据峰面积半定量地测定反应热。因此，催化剂在制备过程中的脱水、热分解、还原、焙烧过程中的晶相转变和使用过程中发生的相变等，用差热分析方法都能记录下来，所以差热分析在催化剂的研究中得到非常广泛的应用。

③差示扫描量热法。差示扫描量热法是在程序控制温度下，测量输给物质和参比物的功率差与温度关系的一种技术。与 DTA 不同的是，DSC 技术利用输入电功率及时补偿试样在热反应时发生的热量变化，所以实际记录的是试样和参比物下面两只电热补偿的热功率之差随时间 t 的变化关系。其记录曲线和 DTA 曲线十分相似，纵坐标是热流率 dH / dt，横坐标是温度或时间，但对纵坐标的吸热和放热方向目前尚无统一规定。

④热膨胀法。热膨胀法是在程序控制温度下，测量物质在可忽略负荷时的尺寸与温度关系的一种技术。

⑤溢出气检测法。溢出气检测法是在程序控制温度下定性检测从物质中逸出的挥发性产物与温度关系的一种技术。

此外还有溢出气分析、放射热分析等压质量变化测定、热微粒分析、升温曲线测定、动态热机械分析、热机械分析、热传声法、热发声法、热电学法、热光学法及热磁学法等技术，这些技术目前在催化剂的研究中很少使用，在这里不做详细叙述。

（二）X 射线衍射分析（XRD）

①方法原理。不同物相的多晶衍射谱，在衍射峰的数量、2θ 位置及强度上总有一些不同，具有物相特征。几个物相的混合物的衍射峰是各物相多晶衍射谱的权重叠加，因而将混合物的衍射谱与各种单一物相的标准衍射谱进行匹配，可以解析出混合物中的各组成相。一个衍射谱可用一张实际图谱来表示，也可以用与各衍射峰对应的一组晶面间距（d 值）和相对强度值（I / I1）来表示。因而这种匹配可以是图谱对比，也可将它们的各 d（2θ）、I / I1 值进行对比。这种匹配解析可以用计算机自动进行，也可用人工进行。

②物相组成定量分析。X 射线物相鉴定分析是以物质对 X 射线衍射效应为基础的，任何一个结构的固体化合物都有一套独立的 X 射线衍射图谱，而每种物质的衍射峰的位置与强度完全取决于这种物质的自身内部结构特点。当物质是由几个物相混合组成时，这几个物相各自的衍射彼此独立，互不相干。这样就可以对多种物相组成的样品进行物相鉴定分

析。同时各组成相的衍射强度与其含量成正比，故可以通过衍射谱的强度分析求出各组成物相的质量百分比。

（三）比表面积和孔结构测定

尽管光催化剂的活性、选择性以及稳定性等主要取决于催化剂的化学组成和结构，但其在很大程度上也受到催化剂的某些物理性质（如催化剂的比表面积和孔结构）的影响。当催化剂的化学组成和结构一定时，单位体积（或重量）催化剂的活性取决于其比表面的大小。催化剂的比表面越大，所含有的活性中心越多，催化剂的活性也越高。催化剂的孔结构特征也影响催化剂活性和选择性以及物料分子的扩散，而且直接影响到催化剂的强度和寿命。因此，测定、表征催化剂的比表面和孔结构对考查催化剂的活性等性能具有重要意义和实际应用价值。

光催化材料的比表面积和孔结构是表征其催化性能的重要参数，二者都可以通过物理吸附来测定。在此，简要介绍一下表面积、孔结构表征常用的技术。光催化剂的比表面按反应来说可以分为总比表面和活性比表面，总比表面是单位质量催化剂所具有的表面积，可用物理吸附的方法测定；活性比表面是具有活性的表面，可采用化学吸附的方法测定。

孔结构的表征主要包括孔径、孔径分布、孔容和空隙率等几个方面，在有关孔结构与吸附理论的指导下提出了许多测试方法，概括起来主要有蒸汽吸附法、压汞法和电子显微图像分析法，在众多表征方法中，N_2低温物理吸附法最常用。通过对 N_2低温物理吸附数据的分析可以获得的主要信息：催化剂的总表面积、微孔总表面积以及外表面积、介孔表面及孔径分布、介孔孔容及孔径分布等；与物理吸附法相比，汞压法具有速度快、实验数据解释简单和测量范围宽等优点，但是，汞很难全部回收；显微镜法是以直接观察和测量孔的大小为依据，比较直截了当，并且能直接求得微分孔径分布曲线，但是在大多数情况下，由于孔的形状变化不一，在进行有意义的孔大小测量时经常遇到困难，因而很难得到准确的数据。一般来讲，要了解催化剂形貌和纹理等方面的特征，显微镜法也非常重要。

（四）电子显微镜法

材料的宏观力学、物理和化学性质是由它的微观形态、晶体结构和微区化学成分所决定的。电子显微镜法就是由电子与物质的相互作用所反映的信息来认识材料的形貌、结构与微区成分的。它可以研究原子尺度（特别是纳米尺度）的现象，而且可进行动态原位观察以及对微区进行综合分析，目前已广泛地应用于生物学、医学、物理学和材料科学等领域，成为一门具有微区成分分析和显微形貌观察与二维几何结构研究本领的一项新技术。目前常用的电子显微技术有透射电子显微镜（TEM）、扫描电子显微镜（SEM）、扫描透射电镜（STEM）、扫描隧道电子显微镜 （STM）、电子探针显微分析（EPMA）、扫描探针显微镜（SPM）等，这里仅介绍两种常用的电镜技术，透射电子显微镜和扫描电子显微镜。

①透射电子显微镜。（TEM）透射电子显微镜是以波长很短的电子束作照明源，以电磁透镜聚焦成像的一种具有高分辨本领，高放大倍数的电子光学仪器。测试的样品要求厚度极薄 （几十纳米），以便使电子束透过样品。透射电镜成像原理与光学显微镜相似，所不同在于：光学显微镜以可见光作照明束，将可见光聚焦成像的是玻璃透镜；透射电子显微镜以电子为照明束，聚焦成像的是一组磁透镜。TEM 成像的实质是用不带信息的电子射线，在通过样品时与样品发生作用携带样品信息，然后进行放大处理，最终形成衬度不同的黑白图像。

透射电镜一般是由电子光学部分、真空系统和供电系统三大部分组成。应用透射电子显微镜可以从三方面研究催化剂结构：宏观尺寸较大的样品，电子束难以穿透，则需做成表面影相复制品来透射观察表面形貌；直接观察样品外表面的几何形态，光学显微镜分辨不了的粉末或其他类型的细分散物质，可用 TEM 观察，例如，可测定分散型金属催化剂内金属粒子的平均大小和粒度分布；观察并解释样品图像中的形貌反差特征，如消光轮廓、各种物相反差特征和晶格图像，这些皆可提供样品结构的信息。

②扫描电子显微镜（SEM）。SEM 用细聚焦的电子束轰击样品表面，通过电子与样品相互作用产生的二次电子、背散射电子等对样品表面或断口形貌进行观察和分析。与透射电镜靠电子透过样品不同，扫描电镜靠的是由样品反向散射的信号操作，所以对样品的厚度没有限制。

扫描电子显微镜由电子光学系统、信号收集及显示系统、真空系统和电源系统组成。扫描电镜的优点：有较高的放大倍数，20 ~ 20 万倍之间连续可调；有很大的景深，视野大，成像富有立体感，可直接观察各种试样凹凸不平的表面的细微结构；可同时进行显微形貌观察和微区成分分析。扫描电子显微镜可以直接观察物体的表面，通过催化剂表面的形貌分析可以对催化剂的表面晶粒形状大小、活性表面的结构与催化活性的关系、催化剂的制备等方面进行研究。

（五）电子能谱分析法

电子能谱分析法是采用单色光源 （如 X 射线、紫外光）或电子束去照射样品，使样品中的电子受到激发而发射出来，然后测量这些电子的产额 （强度）对其能量的分布，从中获得有关信息的一类分析方法。电子能谱可进行表面元素的定性和定量分析，元素组成的选区和微区分析以及表面分布分析，原子和分子的价带结构分析，有时还可对元素的化学状态、分子结构等进行研究，是一种用途广泛的现代分析实验技术和表面分析的工具，广泛应用于科学研究和工程技术的诸多领域中。电子能谱主要有X射线光电子能谱(XPS)、紫外光电子能谱（UPS)、俄歇电子能谱（AES）电子能量损失谱等，这里主要介绍X射线光电子能谱和俄歇电子能谱两种常用的方法，它们的共同特点是基于材料表面被激发出的电子所具有的特征能量分布而对材料表面元素进行分析的方法，主要区别是，X射线光电子能谱用X射线作为激发源，而俄歇电子能谱采用电子束作为激发源。

X射线光电子能谱。X射线光电子能谱基于光电离作用，当一束光子照射到样品表面时，光子可以被样品中某一元素原子轨道上的电子所吸收，使得该电子脱离原子核的束缚，以一定的动能从原子内部发射出来，变成自由的光电子，同时原子本身变成一个激发态的离子。原子中不同能级上的电子具有不同的结合能，只要入射光子的能量能够克服电子结合能，电子就可以从原子的各个能级发射出来。入射光子的能量的一部分用于克服电子结合能，余下的作为光电子的动能。通过能量分析器测定这些电子的能量分布，可以研究原子不同能级的电子结合能。

（六）紫外-可见漫反射光谱（UV-vis）

紫外–可见漫反射光谱主要是用来测定催化剂表面上金属离子的电荷迁移跃迁及d–d配位场跃迁。用电磁辐射照射化合物时，电子从电子给予体向电子接收体的轨道上跃迁，引起的吸收光谱为电荷迁移吸收光谱，这种电荷转移所需能量较大，故吸收谱带多发生在紫外区。过渡金属离子与水或其他配体生成配合物时，过渡金属离子受配位体的影响而发生d轨道跃迁，d电子跃迁需要的能量较小，所以吸收谱带发生在可见区。通过吸收边缘的位置，可以确定催化剂的带隙范围，从而考查其对催化剂活性的影响，为催化剂制备及新型催化剂的开发提供依据。

第四节　光催化材料的应用与展望

半导体光催化材料在环境保护中的应用日益受到人们的重视，这项新的污染治理技术具有能耗低、操作简便、反应条件温和、可减少二次污染等突出优点，能有效地将有害气体及有机污染物转化为H_2O、CO_2、PO_3^{-4}、SO_{2-}^{4}、NO^{-3}卤素离子等无机小分子，达到完全无机化的目的。许多难降解或用其他方法难以去除的物质，如氯仿、多氯联苯、有机磷化物、多环芳烃等也可利用此法消除，所以在污染治理方面应用潜力巨大。

一、废水处理

废水处理就是将工业、农业、生活废水中含有的有毒化学品、悬浮物、泥沙、细菌等污染物从水相中除去，改善排水的洁净度，尽可能提高水的利用率。到目前为止，废水处理一般有三种方法，即生物化学法、物理　化学法和化学法。但这些传统的处理方法存在一定的局限性。高级氧化（化学氧化）需要特殊的处理方式，通常价格比较高；微生物法有一定的选择性，细菌分解不适合有毒污染物的处理，在处理过程中有毒污染物可能将细菌杀死而失效。美国环保署公布了九大类 114 种有机优先污染物，大部分属于难降解的持久性化合物，利用生物处理技术是难以消除的，而利用光催化剂在紫外光的照射下可以将有机物污染物分解成 CO_2、H_2O 和相应的无机酸。国内外的研究结果证实，从烃到羧酸等种类众多的有机物中，美国环保署公布的 114 种污染物都可以通过光催化降解得到治理，甚至对杂原子有机物如卤代烃、含氮有机物、染料、有机磷杀虫剂也有很好的去除效果。纳米光催化剂表面产生的羟基自由基具有很强的氧化能力，可以与有机物中的碳结合，破坏双键和芳香链，从而使废水中的有机物转化为无毒副作用的 CO_2 和 H_2O。

①造纸废水污染大，处理难，是目前江河的主要污染源之一，废水中含有卤代烃类、苯酚等难降解有机污染物，且 COD 浓度高，吴育飞等人对造纸废水的光催化降解研究表明，用紫外光照射 4 h，COD 去除率可达 78.3%；②染料废水中因含有苯环、氨基、偶氮基团等致癌物质，造成严重的环境污染，常用的生物化学方法对水溶性染料的降解效果往往不好，近年来，用光催化剂纳米 TiO_2 降解染料取得了一定的效果，除率达到 95%以上；③ 农药废水中有机物毒性大，很难降解，且易生物积累，用纳米 TiO_2 处理农药废水，实验证明其对有机磷和有机氯的去除率很高；④纳米 TiO_2 对含表面活性剂的废水和含油废水都有很好的降解效用，关于这方面的研究报道也很多。利用浸涂热处理的方法在空心玻璃球载体上制备的漂浮型纳米 TiO_2，能按照应用要求控制纳米 TiO_2 的晶型和负载量，是降解水体表面浮油及有机污染物的高效光催化剂。

二、空气净化

近几十年来，随着工业的发展，挥发性和半挥发性毒害有机污染物以及氮氧化物等无机毒害气体对大气的污染已经引起人们极大的关注。汽车、摩托车等向空气中排放 NO_x 等有毒气体，工业生产和生活中排放大量的硫氧化合物，这些气体是酸雨的主要来源，另外还有空气中的臭气如硫化氢等，这些都对环境和人类的健康造成了严重危害。在交通密集、人口稠密的地区这种危害更为严重。活性炭吸附、高温焚烧、高温热催化氧化等传统的气体净化方法，尽管可以在一定程度上净化空气，但都存在着一定的局限性，如设备投入大、降解效率低、处理周期长，带来二次污染以及需要消耗大量的能源等。光催化空气净化技术通过光催化反应，将污染物不可逆地转化为物理、化学性质完全不同的 H_2O、CO_2 等无毒无害的无机小分子，被誉为是当代最先进的空气净化技术。目前这一技术中普遍使用的光催化剂为宽禁带的 TiO_2 半导体催化剂。

日本已利用氟树脂、二氧化钛等开发出抗剥离光催化薄板，12h 后薄板表面低浓度氮氧化合物的去处率高达 90%以上，可在污染严重地区的建筑外墙壁或高速公路隔音壁等配置这种光催化薄板，再利用太阳光就可有效地去除空气中的无机有毒气体，产生的无机酸被雨水冲走，不会影响光催化活性。另外，纳米光催化材料已经成功应用于新型光催化空气净化机，对甲醛（HCHO）、苯和总挥发性有机物（TVOC）等有害物质降解率均达到 90%以上，可望在烟气污染净化、装修污染治理等领域有明显效果和广泛应用前景。

三、贵金属的提取回收

工业上可利用光催化使金属离子沉积以实现贵金属的提取。Herrmann 等人发现，300K 左右时银在 TiO_2 粉末上的析出速率与温度变化无关，但依赖与银离子的初始浓度。增大光照强度后，单位时间内吸收的光子数增加，银的析出过程明显加快。初始生成的银微粒极小，直径仅几个纳米，随着光照时间的延长最终可得到直径 400nm 的晶体颗粒。Hung 等人以 $Na_2S_2O_3$ 作为络合剂和 h^+ 俘获剂，从含银废液中通过光催化提取金属银。还原得到单质银的颗粒与 TiO_2 颗粒大小相当，回收银的量和催化剂的用量之比高达 3∶1，直接用日光照射同样能析出银，只是比人工光源照射时间要长些，也可从金的氯化物或氰化物提取金等。光催化提取贵金属的突出优点在于它适用常规方法无能为力的极稀溶液，以较为简便的办法使贵金属富集在催化剂表面，然后再用其他方法将其收集起来加工回收。由于各种金属的氧化还原电位不同，当溶液中同时存在多种金属离子时，它们将选择性地顺序析出来，若条件控制得当，光催化甚至还可用于混合离子的分离。

四、光催化材料的抗菌作用

细菌的滋生无处不在，特别是在一些潮湿的场合如厨房、卫生间等，微生物更易繁殖，导致空气和物品表面菌浓度增大。通常使用的杀菌剂 Ag^+ 和 Cu^{2+} 等能使细菌失去活性，但细菌被杀死后，可释放出有毒组分 （如内毒素）。光催化材料的抗菌作用源自半导体光催化剂如 TiO_2、ZnO、Fe_2O_3、WO_3、CdS 等在光的作用下产生的空穴和电子与半导体表面吸附的氧气和水反应，生成超氧负离子和羟基自由基等一系列具有强氧化性的活性氧种，这些活性氧种对环境中的微生物具有抑制和杀灭作用。

利用纳米光催化材料可以分解有机物，因而能够有效杀灭或抑制环境中的有害微生物。已有实验证明，锐钛矿型纳米TiO_2对铜绿假单胞菌、大肠杆菌、沙门氏菌、金黄色葡萄球菌、芽杆菌和曲霉等具有很强的杀菌能力。黄岳元等人以TiO_2和$AgNO_3$为原料，制备了TiO_2／Ag纳米复合抗菌材料。抗菌实验表明：浓度为100mg/L的该抗菌材料对大肠杆菌、金黄色葡萄球菌和白色念珠菌作用60min后，抑杀率可达99.0%以上。

医院和公共场所是细菌传播的主要场所，如果涂刷含有纳米光催化剂的抗菌涂料，利用室内的弱光和太阳光，光催化材料就能发挥很好的杀菌作用，有效杀死细菌，从而抑制其在公共场合的传播。

五、光催化分解水制氢

能源危机和环境污染是当今科技领域的两大主题。“地壳能源”——石油、天然气、煤炭、铀的大量开发和利用，在促进全球经济迅猛发展的同时，也引起了严重的环境污染，而且由于其存储量有限，全球性的能源危机促进了将太阳能转变成一种可实际使用的能源的应用。自从1972年日本学者Fujshima和Honda首次报道了用氧化钛作为光催化剂分解水制备氢气以来，各国学者一直致力于光催化分解水的研究工作，开发了许多光催化剂。光解水制氢是太阳能光化学转化与储存的最好途径。因为氢燃烧后只生成水，不仅环保，还便于储存和运输，是最有应用前景的可再生能源。

半导体光催化制氢，即将TiO_2或CdS等半导体催化剂直接悬浮在水中进行光解水反应。原理类似于光电化学池，半导体微粒可以被看作是一个个微电极悬浮在水中，它们像光阳极一样在起作用，所不同的是没有像光电化学池那样被隔开。和光电化学池相比较，半导体光催化分解水放氢的反应体系大大简化，但通过光激发在同一个半导体微粒上产生的电子　空穴对极易复合。这样不但降低了光电转换效率，而且也影响光解水同时放氢放氧。

近年来，科学家们对半导体氧化物光催化分解水制氢进行了深入广泛的研究，已经发表的光催化分解水制氢材料几乎涵盖了元素周期表中的s、p、d区以及镧系所有元素，出现了大量的光催化分解水材料。其中主要有氧化物、氮化物、硫化物、氮氧化物、磷化物、掺杂（金属或非金属）的金属氧化物或硫化物固溶体。2004年Hudo等人通过能带设计和调控，合成了硫化物固溶体$(AgIn)_xZn_{2(1-x)}S_2$，负载铂助催化剂后在有牺牲剂的水溶液中表现出很高的可见光析氢活性。

另外由于光催化材料物理、化学性质不尽相同，为保证光催化制氢过程中水溶液体系的稳定性，同时便于氢气或氧气的析出，利用半导体光催化能有效地降解大多数有机和无机污染物的性能，在反应体系中加入不同的牺牲剂，通过将污染物作为电子给体，与空穴发生氧化反应，将其消耗掉，使水分解反应能够持续进行，这样可以将光解水制氢和有机污染物消除结合起来，同时实现污染物消除和制氢的双重目的。

除此之外，光催化纳米材料应用于其他环保领域，如自清洁涂料、光催化消毒剂以及固体废弃物的处理，另外，纳米光催化材料对紫外线具有很强的散射和吸收能力，尤其容易吸收对人体有害的中长波紫外线（290～400nm），其吸收能力比有机紫外线吸收剂强得多。由于其无毒、无味、无刺激，因而广泛用于制造防晒化妆品。

六、光催化材料存在的问题与展望

虽然光催化氧化技术的研究已有20余年的历史，并在近几年得到了较快的发展，它是一项具有广阔应用前景的新型污染治理技术，但总体上看仍处于实验室理论探索阶段，尚未达到实用化规模，其主要原因是现有光催化体系的太阳能利用效率较低，总反应速率较慢，催化剂易中毒等。因此急需开展的研究问题大致有以下几点：研制具有高量子产率、能被太阳光谱中的可见光甚至红外光激发的高效半导体光催化材料；进一步提高半导体光催化材料的利用效率，如可采用电化学辅助的方法，这种方法是将薄膜覆盖在光电化学电池的阳极上，在紫外光照射的同时在电极上施加偏压；由光照激发而产生的电子很快转移到电极上，减少电子空穴对的复合，可提高光催化效率；进一步完善和应用基础理论知识：对单一组分的降解研究与实际得多组分复杂情况相距较远，因此应进行多组分物质的降解研究；多项单元技术的优化组合是当今水处理领域的发展方向。在加深对光催化技术认识的基础上，将其与其他技术相结合，将会开拓该技术更为广阔的应用前景。

尽管目前来看，光催化材料无论是在理论基础研究还是在应用研究都还不很成熟，离大规模生产和应用还有一段距离，但是作为一种新型材料，纳米光催化剂所显示的巨大潜在优异性能是不容忽视的，光催化纳米材料在环境保护中的应用非常广泛，可使许多难处理的污染物完全矿化，同时利用载体的吸附性能使低浓度的有害物质得以浓缩降解。随着光催化纳米技术研究的不断深入和纳米材料实用化进程的进一步发展，可大大缓解水体污染、大气污染、城市垃圾等环保难题。因此，在不久的将来，随着人们解决问题能力的提高，将实现纳米光催化材料的实际应用，改善我们的生存环境，给我们的日常生活带来更多的便利。

第四章　湿式氧化技术的功能催化剂

第一节　湿式氧化用催化剂理论研究

一、湿式氧化用催化剂概述

常规的生物处理工艺对于一些高浓度、有毒、有害的有机废水来说难以发挥作用，而一般的物理化学方法又因运行费用高或反应中产生二次污染等问题（如焚烧等），而不适合处理此类废水。因此，迫切需要开发经济有效的难降解有机工业废水治理技术。

针对高浓度有机工业废水的特点，湿式氧化法是国际上公认的有限处理的高浓度难降解有机废水处理技术之一。它是在高温（125～320℃）和高压（0.5～20MPa）条件下，以空气中的氧气为氧化剂（现在也有使用其他氧化剂的，如过氧化氢等），在液相中将有机污染物氧化为 CO_2 和水等无机物或小分子有机物的化学过程。WAO 工艺最初是由美国的 F.J. Zimmermann 在 1944 年研究提出的，并取得了多项专利，也称齐默尔曼法。从原理上说，在高温、高压条件下进行的湿式氧化反应可分为两个阶段，前段受氧的传质控制，而后段受反应动力学控制；温度是 WAO 过程的关键影响因素。通常温度越高，化学反应速率越快。另外温度的升高还可以增加氧气的传质速率，减小液体的黏度。压力的主要作用是保证液相反应，使氧的分压保持在一定的范围内，以保证液相中较高的溶解氧浓度。

传统的湿空气氧化工艺条件极为苛刻，需要在高温、高压下进行，故对设备的技术要求、投资和运行费用都很高，严重影响了它的推广应用。因此，自 70 年代以来，人们在传统的湿式氧化技术的基础进行了一些改进，主要有：为了降低反应所需的温度和压力，并且提高处理效果，发展了使用催化剂的湿式催化氧处理技术；为了进一步降解 WAO 中难处理的有机物，将废液温度升温至水的临界温度以上，利用超临界水的良好的特性来加速反应进程的超临界湿式氧化技术；反应中加入比 O_2 氧化能力更强的氧化剂（如过氧化物等）的湿式过氧化物氧化技术。这些改进技术已经受到了广泛的重视，并且展开了大量的研究和应用工作，其中最为成熟和广泛应用的是催化湿空气氧化技术。它是在传统的湿式氧化技术处理工艺中，加入适当的催化剂来降低反应的温度和压力，提高氧化分解的能力，缩短反应的时间，并降低了成本。

二、湿式氧化用催化剂的分类

湿式催化氧化技术中使用的催化剂根据它在反应中存在的状态不同，可分为两类：均相催化剂和多相催化剂。多相催化剂由于其性能和使用上的优越性，是今后发展的方向。

（一）均相催化剂

催化湿式氧化技术的早期研究集中在均相催化剂上。它是通过向反应溶液中加入可溶性的盐催化剂，在分子或离子水平对反应过程起催化作用。因此均相催化的反应较温和，反应性能更专一，有特定的选择性。均相催化的活性和选择性，可以通过配体的选择、溶剂的变换和促进剂的增添等因素进行调配和设计。在均相催化剂中，Cu 盐反应中表现出了良好的活性。村上等人对 Cu、Co、Ni、Fe、Mn、V 等几种可溶性盐催化剂降解甲醛和甲醇进行研究，发现在 230℃，氧分压为 2MPa，可溶性铜盐催化效果最好。获原一芳用铜离子盐催化剂分别降解乙烯、乙醇等工业废水，均取得良好的效果。秋常研二研究应用催化湿式氧化技术处理丙烯腈生产废水，对 Zn、Fe、Cr、Ni、Co、Mo 的催化活性进行研究。

从 20 世纪 80 年代开始，国内陆续进行了均相催化湿式氧化的研究。汪仁等人研究均相催化湿式氧化处理造纸废液，结果表明铜盐催化剂的催化效果最好。张秋波等人对煤气化废水的均相催化湿式氧化进行研究，发现硝酸铜及其与氯化亚铁的混合物都具有高的催化活性，对酚、氰、硫化物的去除率接近 100%，COD 的去除率达 65% ~ 90%，并对多环芳烃类具有明显的去除效果。大量的研究表明，均相铜盐催化剂是催化效果显著的一种催化剂。但是在均相催化湿式氧化过程中，由于催化剂溶于废水中，为了避免催化剂的流失而造成的经济损失以及对环境的二次污染，需要进行后续处理，回收催化剂，从而使工艺流程变得复杂，提高了废水处理的成本。

（二）非均相催化剂

在均相湿式氧化系统中，催化剂与废水是混溶的。为了避免催化剂流失所造成的经济损失和对环境的二次污染，需进行后继处理以便从水中回收催化剂。因此，流程会比较复杂，并提高了废水的处理成本。因此人们开始研究固体催化剂即非均相催化剂，这样催化剂与废水的分离简便，而且催化剂具有活性高、易分离、稳定性好等优点，因此从 20 世纪 70 年代以后，催化湿式氧化的研究转移到高效的多相催化剂上，并受到了普遍的关注。多相催化剂以催化剂的组成分类主要有贵金属系列、铜系列和稀土系列催化剂等。

1.铜系列催化剂

与贵金属系列催化剂相比，铜系催化剂是较经济的催化剂。非均相 Cu 系催化剂表现出了高活性，因此人们对非均相 Cu 系催化剂进行了大量的研究。南斯拉夫 Levec 和 Pintar 对铜系列催化剂进行了长达 20 多年的系统性的研究。在 130℃和低压的情况下研究了 $CuO-ZnO/Al_2O_3$ 为催化剂处理含酚废水。实验表明，酚的去除率与酚的浓度呈正比，与氧分压呈 0.25 次方的关系，活化能为 84KJ/mol 1 。Sadana 等人在 20 世纪 70 年代以 $\gamma-Al_2O_3$ 为载体，在其上负载 10%CuO 的催化剂处理酚，在 290℃、氧分压为 0.9MPa 条件下，反应 9min 后，有 90%的酚转化为 CO_2 和 H_2O；此催化剂对顺丁烯二酸和乙酸的氧化也有很好的催化活性。Kochetkoa 等人研究了各种工业催化剂，如 Ag／浮石、Co／浮石、Bi／Fe、Bi／Sn、Mn／Al_2O_3、Cu／Al_2O_3 催化剂氧化处理含酚废水，发现 Cu／Al_2O_3 催化活性最高。他们在 Al_2O_3 载体上加入碱性的 TiO_2 和 CoO 来加强催化效果，结果表明催化活性与 C o 的含量有密切关系。Fortuny 等人以苯酚为目标物，分别用 2%CoO、Fe_2O_3、MnO、ZnO 和 10%CuO 以 $\gamma-Al_2O_3$ 作载体，制备出两种金属共负载型催化剂，并在 140℃、0.9MPa 氧分压在高压反应器内反应 8 天，实验表明几种催化剂的降解效果都较好，而其中 $ZnO-CuO/\gamma-Al_2O_3$ 催化剂活性最好。

国内近年来也对铜系列催化剂进行了一些研究，尹玲等人考查了铜、锰、铁复合物催化剂的催化效果，发现 Cu：Mn：Fe＝0.5：2.5：0.5 催化剂（摩尔比）对高浓度的丁烯氧化脱氢酸洗废水的湿式氧化处理有很好的催化活性，而且此催化剂对丙烯腈、乙酸、乙酸联苯胺、硝基酚都有好的处理效果。中国香港的 Lei 等人在高压釜中进行了静态的催化湿式氧化处理纺织废水的研究，发现 CuO 催化活性最好。宾月景等人对比 Cu、Ce、Cd 和 Co-Bi 四类催化剂降解染料中间体 H-酸，其中 Cu／Ce（3：1）催化剂效果最好：在 200℃、3.0MPa 氧分压下，pH＝12，反应 30min 后，COD 的去除率在 90%以上。谭亚军等人在 200～230℃、3.0MPa 氧分压下，对染料中间体 H-酸配水进行研究，发现 Cu 系催化剂的活性明显优于其他过渡金属氧化物。

虽然非均相 Cu 系催化剂在处理多种工业废水的催化湿式氧化中已经显示出较好的催化性能，但是催化剂在使用过程中存在着严重的催化剂活性组分溶出现像。这种溶出将造成催化剂流失，活性下降，使催化剂不能重复使用，同时催化剂流失还会造成二次污染问题。因此，近年来对于 CuO 催化剂的研究较少。

2.贵金属系列催化剂

在非均相催化氧化中，贵金属对氧化反应具有高活性和稳定性，已经被大量应用于石油化工和汽车尾气治理行业。贵金属为活性组分制成的催化剂，不仅有合适的烃类吸附位，而且还有大量的氧吸附位，随表面反应的进行，能快速地发生氧活化和烃吸附。由过渡元素等非贵金属组成的催化剂则通过晶格氧传递达到氧化有机物的目的，液相中的氧不能及时得到补充，需较高的温度才能加速氧的循环，因此，贵金属催化剂在反应中表现出好的活性。其典型制备方法是：用浸渍法负载（浸涂）贵金属。贵金属催化剂一般将 Ru、Rh、Pt、Ir、Au、Ag 等贵金属组分的一种或多种负载在各种载体上。贵金属系列催化剂虽然成本高，但是活性较好。在湿式氧化反应过程中贵金属组分较稳定，贵金属催化剂的稳定性将主要取决于载体的稳定性。Al_2O_3是最常用的载体，因而是催化湿式氧化中负载型贵金属较早使用的载体。南韩的 Lee 利用 Pd / Al_2O_3、Rh / Al_2O_3和 Ru / Al_2O_3、Pt–Pd / Al_2O_3等催化剂进行催化湿式氧化的研究，发现 Pd / Al_2O_3催化剂具有非常高的活性，但是在湿式氧化的酸性介质中，Al_2O_3载体本身非常容易破碎、溶出和成粉，从而造成催化剂的流失。活性炭和石墨也是良好载体，已被用作催化湿式氧化催化剂的载体。Galezot 对活性炭上负载贵金属系列催化剂做了较系统的催化湿式氧化研究，认为对于乙二醛酸，贵金属的活性顺序为 Rh$<$Pd$<$Ir$<$Pt。Atwater 发现质量分数为 1.5%Pt / 活性炭催化湿式氧化处理含酚废水，在 1 6 0 ℃几乎能将微量酚完全氧化成无机物。Pierre 等人以石墨作为载体制备的负载型贵金属催化剂，在催化湿式氧化中表现出的活性还要优于活性炭。Beziat 发现负载在活性炭和石墨上的贵金属催化剂具有很好的活性，但是活性炭和石墨在高温下都存在着严重的氧化现象，并且研究发现 TiO_2、CeO_2和 ZrO_2等金属氧化物能够作为稳定的催化剂载体。Maugans 进行了质量分数为 4.4.5%Pt / TiO_2粉末催化剂催化湿式氧化降解苯酚的研究，在反应温度为 150 ~ 200℃，压力为 34 ~ 82atm，催化剂使用量为 2 ~ 4g / L，反应 120min 后苯酚 100%被氧化，TOC 去除率在 95%左右。Besson 在间歇反应釜中进行了催化剂 Au / TiO_2催化湿式氧化降解丁二酸的研究，在反应温度为 190℃和压力为 5MPa 下，丁二酸和生成的其他有机酸都得到了有效的降解。Pintar 在序批式淤浆反应器中用 Ru / ZrO_2和 Ru / ZrO_2催化剂催化湿式氧化处理牛皮纸生产工艺中的酸性和碱性纸浆废水，在反应温度为 190℃，反应压力为 5.5MPa 的条件下，8h 后 TOC 的去除率达 88%和 79%，Ti 和 Zr 的溶出浓度均低于仪器的检测限。Barbier 等人在研究催化湿式氧化处理乙酸配水中，将质量分数为 1% ~ 5%Ru 通过离子交换或浸渍法负载在 CeO_2、TiO_2和 ZrO_2上，发现 CeO_2效果最好。Oliviero 将 Ru/CeO_2和 Ru/C 催化剂进行了比较，Ru/CeO_2催化剂在羧酸和 TOC 去除效果上都优于 Ru/C 催化剂。

3.稀土系列催化剂

稀土元素在化学性质上呈现强碱性，表现出特殊的氧化还原性，而且稀土元素离子半径大，可以形成特殊结构的复合氧化物，在 CWAO C 催化剂中，CeO_2是应用广泛的稀土氧化物，其作用表现在以下几个方面：可提高贵金属的表面分散度、出色的 “储氧” 能力、可稳定晶型结构和阻止体积收缩。因此 CeO_2能改变催化剂的电子结构和表面性质，从而提高了催化剂的活性和稳定性。Oliviero 等人以苯酚和丙烯酸为研究对象，研究加入 CeO_2 对 Ru/C 催化剂的活性是否有促进作用，实验发现 CeO_2 具有“储氧”作用，并且 Ru 微粒与 CeO_2 之间作用的多少是处理苯酚和丙烯酸效果的关键。日本科学家用含 C e 的氧化物催化剂降解 NH_3，发现 Co／Ce（20%）和 Mn／Ce（20%～50%）降解 NH_3 效果较好，而且 Mn／Ce 的催化活性优于均相 Cu 系催化剂。意大利的 Leitenburg 等人以乙酸为研究对象，使用催化剂 $CeO_2-ZrO_2 \cdot CuO$ 和 $CeO_2-ZrO_2 \cdot MnO$，发现 Cu（或 Mn）与 CeO_2 的协同作用能提高催化活性，并且使催化剂的溶出量少，催化剂的稳定较好。中国台湾的 Lin 用不同的热处理工艺制备了 CeO_2 催化剂，并进行了催化湿式氧化处理苯酚的研究。当处理苯酚浓度为 400～2500mg/L，氧气分压为 0.5～1.0MPa，反应温度在 160℃上时，4h 后苯酚的去除率大于 90%，CO_2 的选择性大于 80%。在国内杨少霞等人开展了 CeO_2TiO_2 和 CeO_2-ZrO_2 催化剂的研究。锆铈摩尔比为 1：9 时制备的催化剂活性最好，该催化剂催化湿式氧化乙酸，在反应温度为 230℃，压力为 5MPa 的条件下，120kmin 后 COD 的去除率为 76%，Ce 的溶出浓度小于 0.2mg/L，Zr 的溶出浓度小于 0.01mg/L；钛铈摩尔比为 1：1 时制备的催化剂活性较高，在反应温度为 230℃，压力为 5MPa 的条件下，反应 180min 后 COD 去除率达到 64%，Ce 的溶出浓度为 0.61mg/L，Ti 的溶出浓度为 0.05mg/L；并且 Ce 和 Ti 及 Ce 和 Zr 的相互作用可以增大催化剂的比表面积，增加表面活性位，有利于反应物和氧的吸附，并提高了催化剂的活性，但是在催化剂表面发生了严重的小分子有机物吸附，使催化剂活性降低。

4.碳材料催化剂

碳材料，如活性炭等，在 WAO 降解有机物的研究中表现了活性，在反应过程中活性炭的燃烧和比表面积的降低，催化剂很快出现失活现象。碳纳米管（CNTs）是在 1991 年发现的一种一维的碳材料，由于其独特的化学和热稳定性，越来越受到更多的科技工作者的关注。Gomes 等人首次选择了多壁碳纳米管、活性炭为载体，使用浸渍法制备了负载型 Pt 催化剂，研究了它们催化湿式氧化处理苯胺溶液和纺织印染溶液的实验。结果表明，Pt／CNTs 催化剂催化湿式氧化降解有机物有较高的催化活性，在反应温度为 200℃，氧分压为 0.69MPa 的条件下，反应 2h 后苯胺去除率可达 98.8%，CO_2 的选择性可达 86.9%。CO_2 的选择性与载体表面结构有密切关系。Garcia 等人在 Gomes 的基础上做了进一步的研究，他们采用三种不同的 P t 前驱物，制备了 Pt／碳纳米管催化剂，催化湿式氧化降解苯胺和偶氮染料。在反应温度为 200℃，氧分压为 0.69MPa 条件下，反应 2h 后苯胺和 TOC 的处理效果良好。杨少霞等人采用碳纳米管作为催化湿式氧化催化剂，利用其具有较大比表面积、合适孔道结构和良好稳定性等优点，进行在 160℃和 3MPa 下降解高浓度的苯酚溶液，反应过程中发现 CNTs 具有好的活性和稳定性，并且催化剂的活性与 CNTs 的表面结构有密切的关系。

第二节　湿式氧化用催化剂的设计

催化湿式氧化反应是在高温、高压条件下的氧化反应，因此在催化湿式氧化中的催化剂至少应具备以下特性：

①高催化活性，在某些情况下反应为传质控制，故需增强相间的接触；

②能在高温下长时间保持高的催化活性；

③在热的酸性溶液中能保持物理和化学稳定性；

④具有足够的力学强度而能抵抗其磨损；

⑤广谱性较好，从而加深完全氧化程度。

一、活性组分的设计

用作催化剂组分的金属及其物化性质往往能够为催化剂的选择提供初步的信息，而且还能预示出催化反应中可能的反应特性。由金属的 d 电子所决定，金属氧化物作为氧化催化剂具有高的电子流动性和高的氧化态。下面即从氧吸附热、氧的脱附量等方面来阐述物化性质对催化活性的影响，并由此得到一些催化剂设计方面的信息。

（一）氧的吸附热

根据现有的催化理论，在发生催化反应过程中，一种或多种反应物在催化剂活性部位的吸附是十分重要的一步，它本质上是一种化学吸附。一个固相反应只有当其对反应物分子（至少是其中一种分子）具有化学吸附能力时才能催化某个反应。

由于化学吸附本质上是一种化学反应，所以吸附热与活化能之间的关系也应类似于反应热与活化能之间的关系。从位能曲线上可知：

$$q=E_d-E_a$$

式中，q 为化学吸附热；E_a 为脱附活化能；E_d 为吸附活化能。此式表明化学吸附热等于脱附活化能与吸附活化能的差值。若用一个简化的位能图来表示，则可看出吸附质分子吸收活化能 E_a 与表面形成过渡态，然后转变为吸附态。当吸附物从表面脱附时也要吸收能量 E_d 变为过渡态再回复到原来的状态。

化学吸附热的大小，表征着吸附键的强弱：吸附热大，表示吸附质分子与催化剂表面间形成的吸附键强，反之则弱。吸附热和生成热之间存在着某种联系，以氧在各种金属上的吸附热与金属氧化物的生成热为例，有一个良好的线性关系。

由于吸附热表征吸附键的强度，所以吸附热与催化活性之间也存在着某种联系。根据

Sabatier 的中间化合物理论以及实践经验告诉我们，当吸附质在催化剂表面上达到一定的覆盖度时，其催化活性反比于吸附强度。然而吸附强度太弱，则又难以使吸附质分子发生活化作用。

同样，在湿空气氧化反应中，反应物在金属表面的键合既不能太强，也不能太弱。太强时，吸附物难以进一步氧化；太弱时，吸附物的化学键容易松弛或断裂，金属表面可以供吸附的活性位点降低，降低了催化效果。实践经验表明，只有在适当的吸附强度时会获得最佳的催化活性。

（二）氧的脱附量

在金属氧化物表面上，有吸附氧，也有晶格氧，它们都会参与氧的传递。在氧化物上，能够直接进攻反应物的氧的种类有 O_2、O_2^-、O^-、O^{2-}。一般氧在氧化物上是电子受主吸附，温度越高，越容易出现后面的吸附物种。这些不同吸附态氧的吸附键的强弱和吸附量，因金属氧化物的种类而不同，活性与从表面去除氧的难易程度有关。

（三）选择性

金属氧的键型有 M–O–M 和 M==O 两种类型，它们在红外光谱上的特征分别在 800 ~ 900cm^{-1} 和 900 ~ 1000cm^{-1} 处。红外吸收频率越低，表示金属氧键的键强越弱。对于深度氧化，如烃的完全氧化、H_2 和 CO 的氧化以及氧的同位素交换反应，研究者发现，在金属氧键能与催化活性间有简单的反比关系，即随键能值增加活性下降。这是由于氧与固体表面间的键合不太强，会使反应物很迅速地被氧化，金属氧键的键强越弱，氧化越彻底，使反应成为非选择性的，而此金属氧化物则是一个活性高的催化剂。对于选择性氧化，由于氧化过程的复杂性，在它们之间并没有像完全氧化那样总结出较简单的关系。但金属氧键能大一些可能有利，因为脱氧较难可以防止深度氧化的可能。

二、催化剂载体的设计

催化活性组分有好的分散度，才能很好地发挥作用，特别是贵金属为了获得好的分散度通常要担载在高比表面的载体上，因此载体的性能对催化活性有很大影响。理想的催化剂载体应具备如下特点：具有适合反应过程的形状和大小；具有足够的机械强度，能抵抗机械的和热的冲击；有较高的比表面积、适合的孔结构和吸水率，以便负载活性成分，满足反应的要求；有足够的稳定性以抵抗活性组分、反应物及产物的化学侵蚀；能耐热，并具有合适的热导率、比热容、相对密度、表面酸碱性等性质；不含能使催化剂活性组分中毒的物质；原料易得，制备方便，价格低廉。

早期以活性氧化铝、氧化镁、硅藻土为原料制得的颗粒状载体，比表面积大，使用方便。但压力降和热容大、耐热性差、强度低、易破碎。目前，我国普遍采用 $\gamma-Al_2O_3$ 作为载体。$\gamma-Al_2O_3$ 作为载体不仅能提供大的比表面积，而且还可以增强活性成分的催化能力。

除了 Al_2O_3 可作为载体，人们还对其他高比表面的载体材料进行了广泛的研究。如 TiO_2 和 CeO_2 为载体的贵金属催化剂都有很高的比表面积，表现出良好的催化性能。Fornasiero 等人研究了以 CeO_2-TiO_2 固溶体为载体的 Pt、Rh 催化剂，发现加入 ZrO_2 后，催化活性相应提高。

三、催化剂的稳定性设计

催化剂稳定性通常以寿命来表示，它是指催化剂在使用条件下，维持一定活性水准的时间（单程寿命），或经再生后的累计时间（总寿命），也可以用单位活性位上所能实现的反应转换总数来表示。根据催化剂的定义，一个理想的催化剂应该是可以永久地使用下去，然而实际上由于化学和物理的种种原因，催化剂的活性和选择性均会下降直到低于某一特定值后就被认为是失活了。催化剂稳定性包括对高温热效应的耐热稳定性，对摩擦、冲击、重力作用的机械稳定性和对毒化作用的抗毒稳定性。

在催化湿式氧化反应中，催化剂的稳定性由于其苛刻的反应条件而变得非常重要。在湿式氧化过程中的催化剂失活主要有催化剂的中毒和催化剂活性组分的溶出两种形式。

（一）催化剂的中毒

催化剂的活性和选择性可能由于微量外来物质的存在而下降，这种现象称为催化剂的中毒，而外来的微量物质则被叫作催化剂的毒物。引起催化剂中毒的原因很多，毒物的种类也各种各样。例如，在催化剂使用过程中，反应原料中所含的杂质或毒物吸附在活性中心上，或者与活性中心起化学作用而使活性中心毒化；催化剂表面被其他物质物理覆盖或细孔被堵塞等。对一定反应来说，了解哪些是催化剂毒物，对防止催化剂中毒、延长寿命是十分重要的。许多事实表明，极少量的毒物就可导致大量催化剂活性的完全丧失。毒物不仅指催化剂而言，而且也与催化剂所催化的反应有关。

对于催化湿式氧化反应来说，反应物或中间产物在催化剂表面的沉积是导致活性组分失活的主要原因。贵金属催化剂的应用由于其容易中毒而受到极大的限制。Mantzavions 通过对 Pt/Al_2O_3 的失活的研究发现，贵金属的失活原因主要有：氧气中毒，即吸附的氧能进入贵金属的晶格而形成稳定的氧气层，若是长时间地与氧接触，贵金属最终将被氧化成金属氧化物；中间产物在催化剂活性位的积累，在 PEG（相对分子质量为 10000）的催化湿式氧化实验中发现，催化剂表面吸附了一层多聚物而导致中毒。Frish 的研究指出，含氯、磷和硫的化合物通常可以使氧化物催化剂中毒。

衡量催化剂抗毒稳定性有以下几种方法：在反应体系中加入一定量的有关毒物，让催化剂中毒，然后再用纯净反应原料进行性能测试，视其活性和选择性能否恢复；在反应体系中逐量加入有关毒物至活性和选择性维持在给定的水准上，视能加入毒物的最高量；将中毒后的催化剂通过再生处理，视其活性和选择性恢复的程度。

（二）活性组分的溶出

由于湿式氧化过程的高温及大量的酸性中间产物，大大增加了许多金属氧化物催化剂的溶解性。这些在热酸性介质中溶解和在氧气的存在下转化成可溶性的氧化态的催化剂的应用受到极大的限制。例如，Sandna 在研究酚的催化湿式氧化过程中发现 Cu^{2+}从 CuO/Al_2O_3 催化剂中溶出。

金属的溶出量与反应器类型有关，Pintar 研究发现在同样的反应条件下滴滤式反应器比浆式反应器 （很高的液固比）溶出少得多。Ding 等人发现有机污染物对于催化剂的选择至关重要，不仅会导致催化剂的损失，而且溶出的金属离子还会对实际的出水造成重金属污染。

因此，在进行催化湿式氧化催化剂的开发设计中不仅要考虑其催化活性，而且要注重其稳定性能。过渡金属作为湿空气氧化催化剂的一个致命缺点就是活性成分的溶出问题，活性成分的溶出不仅造成催化剂流失严重，催化活性下降，不能重复使用；同时，流失的组分进入反应体系往往造成严重的二次污染，必须采取措施进行回收。另外，溶出的过渡金属离子同样会造成均相催化作用，从而对多相催化剂的催化活性评价带来一定的困难。但是对于非贵金属催化剂的溶出现像以及有关溶出的原因以及溶出控制的深入研究还没有进行深入的研究。

第三节　用于湿式氧化中催化剂的制备

优良的工业催化剂必须具有活性，选择性好、寿命长、机械强度高、容易再生、成本价廉、原料自给等各方面的先进指标。要达到这些指标，都要经历一个周密的筛选和反复试制的过程。已经投产的催化剂，也有必要通过改造、革新，不断地提高上述某一方面或几方面的性能。以前研制一种催化剂，要经过数以万计的配方实验，盲目性很大。然而，半个多世纪以来，人们从大量的实践经验逐渐总结出了催化剂的制备规律，并通过基础研究的配合，逐渐建立起有一定科学依据的催化反应与催化剂的分类，而且由于有了比较有效的现代物理、化学的检验和评价方法，现在催化剂制备中的盲目性大大地减少了。

催化剂的制备一般经过三个步骤：选择原料及原料溶液配制，即选择原料必须考虑原料纯度（尤其是毒物的最高限量）及催化剂制备过程中原料互相起化学作用后的副产物（正、负离子）的分离或蒸发去除的难易；通过诸如沉淀、共沉淀、浸渍、离子交换、化学交联中的一种或几种方法，将原料转变为微粒大小、孔结构、相结构、化学组成合乎要求的基体材料；通过物理方法（诸如洗涤、过滤、干燥、再结晶、研磨、成型）及化学方法（诸如分子间缩合、离子交换、加热分解、氧化还原），使基体材料中的杂质去除，并转变为宏观结构、微观结构以及表面化学状态都符合要求的成品。

在这些步骤中涉及化学过程（晶型沉淀或共沉淀、胶凝或共胶凝、复分解、氧化还原、表面官能团交联）、流体动力学过程（液体混合，悬浮物分离、扩散、沉降）、热过程（加热、冷却、蒸发、凝缩、结晶、吸附、干燥、焙烧）以及机械过程（固体物料的混合、研磨、选粒、成型）。

常用的催化剂制备方法有沉淀法、浸渍法、离子交换法、机械混合法、熔融法、金属有机络合物法和冷冻干燥法等。另外有许多制备陶瓷的方法，如溶胶–凝胶法、共沉淀法、高温溶胶分解法等。其中共沉淀法和浸渍法是常规的两种制备湿式氧化催化剂的方法，有其各自的特点。

一、沉淀法

沉淀法是经典的且广泛应用的一种制备多相催化剂的方法，几乎所有的固体催化剂都至少有一部分是由沉淀法制备的。如用浸渍法制备负载型催化剂时，其中的载体就是由沉淀法制备而来的。沉淀法借助于沉淀反应，用沉淀剂将可溶的催化剂组分转化成难溶的化合物，经过过滤、洗涤、干燥、焙烧、成型等工艺，制得成品催化剂。沉淀法可使催化剂各组分均匀混合，易于控制孔径大小和分布，而不受载体形态的限制。

（一）沉淀法的分类

沉淀法包括均匀沉淀法、超均匀共沉淀法、共沉淀法等类型。

①均匀沉淀法。在不饱和溶液中加入某种试剂——预沉淀剂，该试剂在溶液中以均匀速率产生沉淀剂的离子或改变溶液的 pH 值，从而达到均匀沉淀的目的，这种方法叫作均匀沉淀法。用均匀沉淀法制得的沉淀，由于过饱和度在整个溶液中比较均匀，所以沉淀颗粒比较均匀而且致密，便于洗涤、过滤。

②超均匀共沉淀法。超均匀共沉淀法的基本原理是将沉淀操作分两步进行：先制成盐溶液的悬浮层，然后将悬浮层立即混合成饱和溶液。超均匀共沉淀的特性是化学组成不易分离，沉淀多为无定形极细微的均相物，是多核金属氧化物的水凝胶。

③共沉淀法。两种或两种以上金属盐混合溶液与沉淀剂进行沉淀，以制取多组分沉淀物的方法称为共沉淀法。共沉淀的特点是几个组分同时沉淀，各组分之间达到分子级的均匀混合，在焙烧过程中可加速各组分间的固相反应。共沉淀法可能生成复盐化合物。复盐化合物的形成可进一步增进沉淀物组分之间的相互作用和均匀性，在焙烧过程中形成化合物或固熔体，从而影响催化剂的催化活性。共沉淀法制备的催化剂孔体积大，表面积和孔隙率比较高。

（二）沉淀法制备催化剂的主要影响因素

沉淀法中，沉淀剂的选择、沉淀温度、溶液浓度、溶液的 p H值、加料顺序以及搅拌速度等，对所得催化剂的活性、寿命以及强度等有很大影响。

①沉淀剂的选择。最常用的沉淀剂是 NH_3、$(NH_4)_2CO_3$等。因为 NH^+处理时易于除去，而用 KOH 和 NaOH 常会遗留 K^+、Na^+于沉淀中，尤其是 KOH 价格较贵，不宜使用。如用 CO_2为沉淀剂，则因其是气液相反应，不易控制。

②溶液浓度的影响。溶液中生成沉淀的过程是固体（即沉淀物）溶解的逆过程。当溶解速度同生成沉淀的速度达到平衡时，溶液达到饱和状态。溶液中生成沉淀的首要条件之一是其浓度超过饱和浓度。至于溶液的过饱和度达到什么数值，才能有沉淀生成，目前定性的规律较多，而定量的规律较少。

③温度的影响。溶液的过饱和度对晶核的生成与长大有直接影响，而溶液的过饱和度又与温度有密切关系。当溶液中溶质数量一定时，温度高，则过饱和度低；温度低，则过饱和度高，自然就会影响到晶核的生成与长大。但事实上，虽然溶液的过饱和度可以很大，但溶质分子的能量很低，所以晶核生成速度仍很小。随着温度提高，晶核生成速度可达一极大值。继续提高温度，一方面由于过饱和度的下降，另一方面由于溶质分子动能增加过快不利于生成稳定的晶核，所以晶核生成的速度又会下降。不少研究工作表明，晶核生成速度最大时的温度，比晶核长大最快所需温度低得多，即在低温时有利于晶核的生成，而不利于晶核的长大。所以在低温时，一般得到细小的颗粒。

④加料顺序的影响。沉淀法制备催化剂，由于加料顺序的不同，对沉淀物的性能也会有很大影响。加料顺序大致有两种，即正加法 （将沉淀剂加到金属盐类的溶液中）和倒加法（将金属盐类的溶液加到沉淀剂中）。如用沉淀法制备 $Cu-ZnO-Cr_2O_3$催化剂时，正加法所得铜的碳酸盐比较稳定，而倒加法得到的碳酸铜由于来自较强的碱性溶液，易于分解成氧化铜。加料顺序还能影响沉淀物的结构，从而也会改变催化剂的活性。

⑤pH 值的影响。沉淀法常用碱性物质作沉淀剂，当然，沉淀物的生成过程就会受溶液 p H值变化的影响。例如，以碱为沉淀剂由 Al^{3+}盐溶液制备 Al_2O_3时，在 20～40℃温度

下，溶液的 pH 值在 8 ~ 10 的范围内，可得到五种不同的产物。

二、浸渍法

制备多元或单元金属或金属氧化物催化剂时，最简单且常用的方法是浸渍法。浸渍法是将固体载体浸泡到含有活性成分的溶液中，达到平衡后将剩余液体除去 （或将溶液全部浸入固体），再经干燥、焙烧、活化等步骤得到成品催化剂。浸渍法广泛应用于负载型催化剂的制备，尤其是低含量的贵金属负载型催化剂。该法省去了过滤、成型等工序，还可选择适宜的催化剂载体为催化剂提供所要求的物理结构 （如比表面积、孔径分布、机械强度等）。此外，该法制备催化剂可以使金属活性组分以尽可能细的形式铺展在载体表面，从而提高了金属活性组分的利用率，降低了金属的用量，减少了制备成本。

浸渍法的基本原理在于固体的孔隙与液体接触时，由于表面张力的作用而产生毛细管压力，使液体渗透到毛细管内部以及液体中活性组分在载体表面上的吸附作用。根据这个原理，可计算浸渍量的数值。如载体对某一活性组分的比吸附量为 W_a（即每克载体的吸附量），活性组分在溶液中的质量百分浓度为 m，浸渍液能进入载体孔隙的体积为 V，则载体对此活性组分的浸渍量 W_1 为：

$$W_1 = W_a + mV$$

因 W_a 通常很小，所以 W_1 主要取决于 mV。

在实际操作中，常因各种原因会使真正浸渍量同理论计算值发生偏离。例如浸渍过程中，在器壁上残留的溶液，或因吸附机理的复杂性等都是发生这种偏离的因素。所以在用浸渍法制备催化剂时要根据具体情况加以分析，从而确定适当的浸渍量。

除上述使实际浸渍量同理论估计量发生偏离的因素外，在浸渍法中还有下列常遇到的复杂情况。

①在浸渍过程中，溶剂很快被吸附。例如以 $\eta-Al_2O_3$ 为载体浸渍钼盐和钴盐的水溶液而得 $MoO_3-CoO/\eta-Al_2O_3$ 催化剂时，水在 $\eta-Al_2O_3$ 上的吸附快，所以浸渍开始不久，便由于水量减少和放出大量吸附热，而使溶液变浓，致使浸渍不均匀。遇此情况，一般是将载体先用水处理，再用被水浸渍到相当程度的载体浸渍含活性组分的溶液。

②对多组分的溶液，由于有两种以上的溶质，所以会改变原来单一活性组分在载体上的分步情况。例如制备铂重整催化剂时，溶液中加入一些醋酸，可以改变铂在载体上的分布。随醋酸量的增加，催化剂活性开始上升，待醋酸含量增到一定数值时，催化活性出现极大位，继续增加醋酸含量，催化活性则下降。

③多种活性组分的浸渍，可采用分步浸渍的方法。先将一种活性组分浸渍后，经干燥、煅烧，再将另一活性组分浸渍其上，并用上法进一步处理；也可将多种活性组分制成杂多

酸溶液，一次浸上。

一般在浸渍过程时，还应尽量避免浸渍液的体积超过或少于载体的表观体积，即在确定浸渍量的大致范围后，应将此浸渍量的活性组分配成与载体体积大致相等的溶液。载体体积如大于浸渍液体积，则会有一部分载体无法同浸渍液接触；相反，如浸渍液体积大于载体体积，则由于溶质在不同的相中分布不同，必然在残留的溶液中留有一些活性组分，以致不能使活性组分全部浸上。如果所需活性组分的量超过理论值很多时，则可采取多次浸渍。在生产上，用浸渍法制备大量催化剂时，也有用动态浸渍的，即将浸渍液流动地通过载体。

如果催化剂要求孔内外活性组分分布均匀，则采取的措施有：浸渍液中活性组分的含量要多于载体内外表面能吸附的活性组分的数量，以免出现孔外浸渍液的活性组分已耗尽的情况或者采用稀溶液进行多次浸渍；分离出过多的浸渍液后，不要马上干燥，要静置一段时间，让吸附、脱附、扩散达到平衡，使活性组分均匀地分布在孔内的孔壁上。采用快速干燥，由于在缓慢地干燥过程中，颗粒外部总是先达到液体的蒸发温度，因而孔口部位先蒸发使一部分溶质析出，由于毛细管的作用，含有活性组分的溶液不断地从毛细管内部上升到孔口，并随溶剂的蒸发，溶质不断地析出，活性组分就会向表层集中，留在孔内的活性组分减少。因此，为了减少干燥过程中活性组分的迁移，常采用快速干燥法，使溶质迅速析出。

对于贵金属负载型催化剂，由于贵金属要在载体表面上得到均匀分布，常在浸渍液中加入适量的第二组分，即竞争吸附剂。它与活性组分的吸附强度接近，因此吸附概率相同。由于竞争吸附剂的参与，载体表面因一部分被竞争吸附剂所占据，另一部分吸附了活性组分，这就使少量的活性组分在颗粒内外部分布均匀。竞争吸附剂的量要适当，竞争吸附剂多是易分解挥发的物质如盐酸、硝酸、三氯乙酸等。

如果催化剂要求活性组分形成各种不同的分布，例如球形催化剂，有均匀、蛋壳、蛋黄和蛋白型四种。在上述四种类型中，究竟选择何种类型，主要取决于催化反应的宏观动力学。当催化反应为外扩散控制时，应以蛋壳型为宜，因为这种情况下孔内部深处的活性组分对反应已无效。用蛋壳型可节省贵金属组分的用量。当催化反应为动力学控制时，应以均匀型为宜，因为这时催化剂的内表面可以利用，而一定量的活性组分分布在较大面积上，可以得到高的分散度，增加了催化剂的热稳定性。当介质中含有毒物，而载体又能吸附毒物时，这时催化剂外层载体起到对毒物的过滤作用，为了延长催化剂寿命，则应选蛋白型和蛋黄型。在这种情况下，活性组分处于外表层下呈埋藏型的分布，既可减少活性组分的中毒，又可减少活性组分因磨损而引起的剥落。

选择竞争吸附剂时，要考虑活性组分与竞争吸附剂间吸附特性的差异、扩散系数的不同以及用量不同的影响。例如，用氯铂酸溶液浸渍 $\eta-Al_2O_3$ 载体，由于浸渍液与 $\eta-Al_2O_3$ 的作用迅速，铂集中吸附在载体外表层上，形成蛋壳型的分布。用有机酸或一元酸作竞争吸附剂，由于竞争吸附从而得到均匀型的催化剂。若用多元有机酸（柠檬酸、酒石酸、草酸）为竞争吸附剂，每个分子都可以占据一个以上的吸附中心，在二元或三元酸区域可供铂吸附的空位很少，大量的氯铂酸必须穿过该区域而吸附于小球内部，根据氯铂酸能否达到颗粒中心处，可以得到蛋黄型和蛋白型两种分布。

第五章 吸附材料

第一节 VOCs 吸附材料

挥发性有机化合物(VOCs)作为硫氧化物，氮氧化物和 PM2.5 之后的大气污染物，不仅危害人类健康，而且对环境造成二次污染。工业上常用的 VOCs 处理技术有回收技术和销毁技术，其中吸附法是回收技术中非常有效的方法，而吸附剂是吸附法的核心。因此本文系统地介绍了几种常见的吸附剂，如活性炭，分子筛，金属有机骨架材料，综述了相关研究进展并对研究前景提出展望，未来的吸附材料应具有吸附能力强、吸附选择性好、容易再生、机械强度高、化学性质稳定、来源广、价廉等特点。

挥发性有机化合物(Volatile Organic Compounds，VOCs)的定义为沸点在五十至二百六十摄氏度之间且熔点低于室温的挥发性有机化合物的总称。为了满足工业发展的需求及经济效益，人类直接或间接地向环境排放大量的污染废物，其中包括固体废弃物、废水和废气，这些污染废物对环境造成恶化的影响，使人类面临严重新的生存和再发展的挑战。大气污染主要是矿物燃烧所排放的“煤烟型”污染，这是 18 世纪末到 20 世纪中的主要污染物；“石油型”污染是在 20 世纪 50–60 年代发达国家的工业生产中大量产生。继二氧化硫、一氧化氮和氟利昂后，挥发性有机化合物(VOCs)的污染成为世界各国重点关注焦点之一。VOCs 包含的有机物种类庞杂，人为源排放中，印刷、涂装、粘接、汽车、家具和橡胶等行业对 VOCs 的贡献较大。VOCs 大多是有毒物质，其毒性源于挥发在空气中的 VOCs 通过呼吸道进入人体从而诱发各种疾病。

回收技术和销毁技术是目前用于 VOCs 处理最常用的技术。回收技术包括吸附法、吸收法、冷凝法等，销毁技术可分为燃烧法、生物法和低温等离子体法。其中，吸附法是工业上常用处理 VOCs 的技术。

一、吸附法

最先被用于处理VOCs的技术是吸附法，其中最为常用且较为典型的是活性炭吸附，活性炭吸附法用于吸附处理卤代烃和苯系物等的技术在工业上已很常见。吸附法的主要原理是利用比表面积比较大的多孔材料作为吸附剂，当VOCs气体流经吸附剂时，由于吸附剂大的比表面积，VOCs分子被吸附剂截留于微孔内表面上，从而达到将气体净化的效果。

物理吸附和化学吸附是吸附法中的两种吸附原理，吸附质与吸附剂表面之间作用力的不同是用于区分的主要因素。物理吸附是由分子间引力引起的(范德华力)，吸附质与吸附剂之间不发生化学反应，是可逆的过程。物理吸附一般在较低温度下进行，过程与蒸汽凝结相似。化学吸附过程中，吸附剂与吸附质之间发生表面化学反应，反应过程一般为不可逆反应，是一种选择性吸附，结合比较牢固。一般化学吸附伴随着物理吸附，对毒性较强的VOCs化学吸附更可靠。

工业上常用的吸附剂有活性炭、分子筛、活性氧化铝、金属有机框架材料(MOFs)等。气体吸附分离的效果在很大程度上取决于吸附剂的性能。因此，吸附操作的首要问题是选择合适的吸附剂对不同的吸附质进行吸附分离。

二、吸附材料

活性炭。活性炭具有较大的比表面积和均匀分布的孔径，以及较强的吸附能力，能够快速吸附VOCs。因此，活性炭可以吸附粒径大小不同的吸附质，尤其对甲醛、丙酮、苯系物等吸附和回收的效率较高；另外活性炭原料来源广泛，有成熟的制作工艺，价格便宜且易得，同时活性炭容易脱附和再生；所以，活性炭目前广泛被用来处理较大风量及浓度较低的粒径大小相对适中的VOCs分子。Kim课题组对甲苯在沥青基活性炭上的吸附进行研究，在298 K条件下，沥青基活性炭对甲苯的饱和吸附量为3 mmol/g。张东东以商业活性炭为固定床填充剂对乙酸乙酯做了吸附脱附行为,对乙酸乙酯的最大吸附量达到了443.7 mg/g。在实际生活中，将活性炭作为商业产品进行应用的例子也非常多，邓俊杰等利用活性炭纤维布对整车VOCs进行净化,结果表明活性炭纤维布对苯系物和醛类净化效果良好。

分子筛。分子筛是含有碱金属或碱土金属氧化物的合成或天然结晶硅酸盐或沸石，具有一定的骨架结构和较强吸附能力，可以捕获小于自身内部孔隙通道的分子。黄海凤等以不同Si/Al比的ZSM-5分子筛为吸附剂,以4类甲苯为吸附质进行吸附和解吸实验,在40℃下,ZSM-5-50,ZSM-5-100,ZSM-5-200和ZSM-5-300对甲苯的饱和吸附量分别为58 mg/g, 74 mg/g，77 mg/g和77 mg/g。Ryu课题组做了甲苯在DAY分子筛上的吸附研究，其测试结果为在298 K和2.25 kPa下分子筛的吸附量达到了1.66 mmol/g。另外还有一项研究，Hoang

组利用 MMA-1-RT，MMS-60，MMS-1-80，和 MMS-5-80 四种吸附剂对甲苯进行吸附性能的研究，研究表明在 298 K 下四种吸附材料的吸附量分别为 3.01 mmol/g，3.93 mmol/g，6.15 mmol/g 和 7.68 mmol/g。

金属有机框架材料。在近些年，一种名为金属有机骨架材料(Metal-Organic Frameworks，简称 MOFs)的新型的多孔材料得到了快速的发展。MOFs 拥有较多开放的孔隙结构和超高的比表面积，使得 VOCs 和水等与这类材料的切合度非常高，吸附量也是巨大。金属有机骨架材料是指金属离子与含氧、氮的有机配体通过自组装形成的具有周期性网络结构的晶体多孔材料。MOFs 具有孔隙率高和比表面积大，不饱和金属位点，结构多样性等特点，因此为储氢、催化、CO_2 吸附、荧光、有毒化合物吸附等方面提供了广阔的研究和应用前景，不仅成为新材料领域研究的热点和前沿，还受到许多研究者的关注。

美国 Yaghi 教授课题组考察了 MOF-5 材料对 VOCs 的吸附性能。在 295 K 条件下，MOF-5 对 C_6H_6、C_6H_{12}、CH_2Cl_2、$CHCl_3$ 和 CCl_4 的饱和吸附容量分别为 802 mg/g、703 mg/g、1211 mg/g、1367 mg/g 和 1472 mg/g，其 VOCs 吸附量是传统吸附材料(如硅胶、分子筛和活性炭等)的 4～10 倍，证明材料的吸附性能非常好。

Ferey 课题组发现 MIL-101 材料对正己烷的吸附量最小(14 mg/g)，而对含有苯环或者杂原子的 VOCs 分子的吸附效果比较好，其中，材料对正丁胺的吸附量最大(1062 mg/g)。Yan 等经过实验，发现 MIL-101 对含有芳香环和杂环的 VOCs 分子，尤其是胺类的有机挥发物具有极强的亲和力。例如，在 288 K 和 56 mbar 的条件下下，MIL-101 对苯的吸附量达到了 16.7 mmol/g，这一吸附量是活性炭(Ajax 和 ACF)的 3～5 倍，同时也是分子筛(silicalite-1 和 SBA-15)吸附量的两倍。相比于硅胶，活性炭，活性氧化铝，分子筛等传统吸附剂，MIL-101 对二甲苯，甲苯，苯，丙酮类等有机挥发物的吸附量更高。在程序升温脱附的实验中，根据材料的吸附情况表明材料存在两个明显的吸附位点。两个吸附点中，孔道的 pi-pi 共轭效应属于较弱的吸附位点，较强的吸附位发生在不饱和金属 Cr^{3+}中心的位点。Zhao Z 等经过连续 5 次吸附和脱附的循环实验，材料良好的循环性能得到了证实。经过对 MIL-101(Cr)吸附相平衡和动力学的研究，288 K 下 MIL-101(Cr)对乙酸乙酯的饱和吸附量为 10.5 mmol/g[13]。MIL-101 对直链烷烃 C6-C9 的吸附量依次为 9.95 mmol/g，8.82 mmol/g，8.75 mmol/g 和 6.17 mmol/g，这是 Thuyet 课题组[14]验证 MIL-101 吸附性能的实验结果。

此外，经过改性的 MOFs 对 VOCs 的吸附选择性也有较大的提高。例如 Khan 等研究发现将 $CuCl_2$@MIL-47(V)材料进行改性对苯并噻吩有较好的吸附性能。由于 MIL-47(V)骨架中存在三价钒，能把负载的 Cu^{2+}还原成 Cu^-，Cu^-通过其本身的不饱和位点以及 $\pi-\pi$ 共轭大大提高了材料对苯并噻吩的吸附量。实验结果表明当铜钒比小于 0.05 mol/mol 时，吸附量的大小随着 $CuCl_2$ 的负载量的增加而增加，而当负载量的比值大于 0.05 mol/mol 时，吸附容量随着负载量的增加而减少，表明材料在改性过程中，负载效果存在一定的平衡性，材料在达到最佳吸附量时有一个最优的负载量。通过离子交换，利用阴离子将金属有机框架材料 $NH_4[Cu_3(OH)(capz)]$中过多的交换出来，材料不仅能够增强对苯-正己烷混合体系的选择性能，而且大大地改变了材料的多孔表面的结构。

MOFs 对大多数有机挥发物的吸附量基本高于传统材料(活性氧化铝、硅胶、分子筛和活性炭等)，主要原因有三个：

（1）具有更大的比表面积和更为发达的孔隙结构，对气体的吸附量也非常大，这是 MOFs 材料相比于传统材料在吸附方面最大的特点。

（2）MOFs 材料的骨架存在金属不饱和位点，不仅对带不同电荷的气体具有更强的吸附性能，而且不饱和位点能产生极强的静电力场，VOCs 分子会优先在吸附 MOFs 材料的不饱的金属位点上。

（3）MOFs 材料在金属框架周围存在大量的芳香环配体，这些芳香环配体容易和有机气体分子形成 p-π 共轭或 π－π 共轭，从而能够大量吸附 VOCs 分子。

环境污染问题和环境污染防治早已成为国际社会关注和舆论的热点，VOCs 是大气污染的最为关键的因素之一。处理 VOCs 的技术有很多，在工业上处理 VOCs 的有效技术是吸附技术，而吸附材料是吸附技术的核心。现有吸附材料如活性炭存在安全性低，分子筛易吸水和吸附容量低，MOFs 材料稳定性低等问题，因此研究开发具有吸附能力强、吸附选择性好、容易再生和再利用、机械强度好、化学性质稳定、来源广、价廉等优点的吸附材料用于治理环境污染的有机挥发物及其他有毒气体已成为材料学科和环境科学的发展趋势和研究热点。另外，综合考虑各种实际因素，为完善单一材料存在各种不足，提高 VOCs 去除率，寻求一种能够发挥优势的 VOCs 吸附复合材料势在必行。

（一）活性炭材料用于 VOCs 吸附

活性炭材料主要包括活性炭和活性炭纤维等。活性炭材料作为一种性能优良的吸附剂，主要是由于其具有独特的吸附表面结构特性和表面化学性能所决定的。活性炭材料的化学性质稳定，机械强度高，耐酸、耐碱、耐热，不溶于水与有机溶剂，可以再生使用，已经广泛地应用于石油、化工、水处理、环保、食品加工、冶金、药物精制、军事化学防护等各个领域。以下主要讲述活性炭材料制备，应用，以及影响活性炭材料吸附 VOCs 的因素。

1.活性炭(AC)

活性炭是由煤、石油沥青、木材、坚果壳、木材、锯屑、椰壳等富含碳的材料制成的，通过高温碳化和活化的过程产生。活性炭由于低成本，具有比表面积巨大、孔隙结构发达、表面官能团独特、物理吸附能力优良，还有酸碱性和热稳定性等特性，已经应用于很多领域，也是最热门吸附剂之一。不同的原材料对活性炭的性能不同，比如椰壳制备的活性炭具有高比表面积、高的吸附容量和大的微孔体积；以煤为主要原料能获得高机械强度、发达微孔结构、高比表面积、高吸附量的活性炭。原材料煤本身就具有多孔结构，随着碳含量(变质程度)增加碳材料孔隙度下降，但煤不能直接作为吸附剂，因为大多数吸附物都进不去孔内。因此，活性炭的最终的性能受原料特性和制备过程的共同影响。根据《活性炭分类和命名》(GB/T32560–2016)，活性炭按照制造原材料分为四种煤质活性炭、木质活性炭、合成材料活性炭和其他类活性炭。而按照形状分类为柱状活性炭，颗粒活性炭，活性炭纤维以及蜂窝状活性炭。

曾莉等研究了不同大小炭球形活性炭在 0.1–1.6m/s 空塔气速范围内的压降特性，并和蜂窝状活性炭、柱状活性炭的压降特性进行了比较，实验结果表明：蜂窝炭压降远低于球形炭和柱状炭，球形炭的压降性能优于柱状炭活性炭已广泛用于吸附回收大部分类型的 VOC，包括烷烃，醇类，酮类，醚类，醛类，芳烃，酯类等。

2.活性炭纤维(ACFs)

活性炭纤维是继粉状与粒状活性炭之后的第三代活性炭产品。活性炭纤维是一种新型的纤维状炭质材料，其制备方法是将有机高聚物纤维(如聚丙烯腈纤维、沥青纤维、聚乙烯醇纤维、纤维素纤维、酚醛树脂纤维等)分为预处理、炭化、活化三个阶段，在蒸汽或二氧化碳的大气中以高温下的速度进行。作为碳纳米多孔吸附剂的一种，与常规活性炭相比，活性炭纤维(ACF)具有优异的性能，短而直的微孔的薄纤维形状，使得 ACFs 的吸附动力学比 AC 更快速。ACF 材料可以以多种形式存在，如在布料、毛毡、纸张等纺织形式中具有良好的机械性，高的比表面积和窄的孔径分布使其具有较高的吸附容量和速率。此外，ACFs 通常具有较窄的孔径分布，并使吸附物更容易接近其微孔。

（二）影响活性炭吸附 VOC 的主要因素

影响活性炭吸附 VOC 的因素分别包括吸附剂特性、吸附物特性和吸附条件。以下主要综述吸附剂特性。

1.吸附剂性质

影响吸附剂性质有物理性质和化学性质，其中物理性质包括比表面积和孔结构，化学性质是表面化学官能团。其三个因素决定吸附剂性质，从而决定吸附剂应用。

化学性质。活性炭在吸附有机分子之前，有机分子和碳表面之间的化学相互作用可能是重要的，并且在某些情况下可能大于物理相互作用，那么化学官能团在吸附挥发性有机物时起到一定的作用。

表面化学官能团主要来源于活化过程，前驱体，热处理和化学后处理。表面化学可以通过各种方法，如酸处理、氨处理、热处理、等离子体处理[5]等方式进行改性,多数的表面官能团的性质可通过适当的热或化学后处理来加以修饰,来达到对不同性质的VOCs吸附，即表面化学官能团通过氨化可增加其碱性，而氧化通常改善其酸性。活性炭表面的杂原子对其应用有重要影响。多孔碳表面的杂原子主要包括氧、氮、氢、卤等，它们与碳层的边缘成键，控制活性炭的表面化学。而在这些杂原子中，含氧官能团和含氮官能团在碳表面是最常见的。气相中氧化主要增加羟基和羰基官能团，液相中氧化增加羧基浓度，而在惰性气体下加热则可以选择性地去除其中的一些功能，这样可以达到所要吸附的目的，具体如下。

大多数含氧官能团都是酸性的来源，表面酸度的增加会增加表面极性，从而增加亲水性。例如，用H_3PO_4改性后，活性炭表面存在更多的含氧官能团，对甲醇，乙醇和异丙醇的吸附能力大大提高。碳表面酸度在GAC吸附疏水化合物中起主要作用。由于酸性官能团预计存在于六角形碳层边缘附近，所以它们很可能会在表面以及微孔的入口处形成水簇，这些簇可以防止低分子量疏水性SOC与碳表面的相互作用并减少吸附吸收。反应显示在非的氨基化的说明中。要想增加对疏水性的VOCs吸附，也可以减少表面含氧基，通常是用热处理和碱改性两种方法。例如在稀有气体下碳热处理可以除去亲水官能团，来增加疏水性，如在900摄氏度下，H_2处理可以产生高度稳定和含碱性的碳。汤进华等人实验研究经过HNO_3、H_2O_2改性后的样品表面含氧官能团的数量增加，使得活性炭表面的C=0、O–C=O等官能团的比例增加明显，更加有利于甲醛气体的吸附，而氨基氧化的样品由于氨基官能团变化不大，表面的含氧官能团的减少，使得吸附效果大大减弱。

在活性炭表面引入含氮官能团会增加表面碱性，会增加对酸性物质的吸附，也会增加表面非极性，进而使吸附剂对疏水性有机物吸附量加大。例如，活性炭在氨气处理下，表面增加了C=N和C=H键，形成含氮基团，从而增加对水中的苯酚吸附。活性炭通过用氨处理产生碱性表面，酸性气体(HCl)的吸附等温线显示出比未处理的酸性纤维的容量大大改善，那么活性炭纤维可以通过其孔表面的化学改性来选择性去除酸性气体污染物。热处理碳的氧化显著增加了酸性基团的总数，同时降低了表面上的碱性基团总数。由于表面酸度或极性的增加，煤基和木基碳对三氯乙烯和三氯苯吸收量降低。表面氧化后在650℃热处理选择性去除表面强酸性官能团，对三氯乙烯和三氯苯吸附容量增加。在进行表面改性时，有时会造成比表面和孔道的改变。一些研究发现化学官能团在吸附剂表面对VOCs吸附不是主要的因素。

物理性质。吸附剂的物理性质主要是孔结构和比表面积。

活性炭是多孔材料，而TANJU KARANFIL等发现和其他碳材料相比，含孔多活性炭的吸附三氯乙烯最多，可见孔结构在吸附VOCs过程中起到决定性作用。孔是吸附质分子在吸附剂中吸附驻留的场所，不同的孔结构具有不同的孔形状、孔分布和孔径。根据国际纯化学与应用化学学会(International Union of Pure and Applied Chemistry,IUPAC)1985 年把孔径(孔宽)分为大孔(>50nm)、介孔(2nm–50nm)、微孔(<2nm)；到 2015 年 IUPAC 对孔径分类又进行了细分，纳米孔(包括大孔、介孔和微孔，上限只到 100nm)、极微孔(>0.7nm)、超微孔(<0.7nm)。孔型可分为圆柱孔、裂缝孔、锥形孔等。而高比表面积活性炭几乎全部由微孔和超微孔构成,属单分散型活性炭,且孔径分布窄。高比表面积活性炭相比于其他的活性炭来说，对汽油蒸汽和苯具有高的吸附量。

活性炭的吸附作用绝大部分是在微孔内进行的,吸附量受微孔的数量支配。尽管如此,大孔和中孔的作用也不能忽视。可以通过改变孔径来吸附尺度不同的有机物。

Foster 观察到 ACF 吸附丁烷，在低浓度下，具有较小孔径(较低表面积)的 ACF 在吸附丁烷方面更有效，而在较高浓度的丁烷中，具有较大孔径(较高表面积)的 ACF 更有效。同样的，宋燕等人研究出孔容积大的活性炭对高浓度甲苯蒸汽吸附容量大，而具有丰富微孔和较小平均孔径的活性炭对低浓度甲苯蒸汽具有高的吸附容量。有文献报道,当孔隙大小为吸附分子的 2–4 倍时最有利于吸附,因此,可以根据吸附质分子大小选择吸附性能最好的活性炭。刘伟等研究发现，四种活性炭在表面积相差不大的情况下因孔径分布的细微差异而表现出不同的吸附效果。Mei–Chiung Huang 等研究活性炭对甲苯和正己烷混合气体的吸附,表明孔隙的增多活性炭对的吸附能力增加,但不是比例增加。随着孔的增加,活性炭吸附甲苯时的孔体积利用率减小,而吸附正己烷时孔体积利用率增加。

汤进华等得出对甲醛之类的小分子起到吸附的孔主要为微孔，微孔比表面积大，吸附效果更加显著，而中大孔在甲醛吸附过程中起到通道作用，使甲醛气体能以更快的速度进入内表面，从而更快地达到平衡。总的来说，微孔提供了主要的吸附位点，而中大孔增强了颗粒内的扩散，缩短了吸附时间。

氨气氛下加热活性炭，会导致孔隙率改变。据报道，与气态氨的广泛混合可能会导致商业活性炭的大孔、中孔和微孔的相对含量发生变化,采用高温氨处理方法对活性炭纤维进行改性，氨处理的具有较高的吸收量归因于氨处理过程中能增大的碳孔和比表面积。

吸附质分子能否进驻吸附剂孔中,受吸附剂孔大小、吸附质分子大小、吸附势强弱等影响。吸附质分子大而孔小,则分子不能进驻孔中吸附质分子尺寸远小于孔尺寸时,由于吸附势强度不足的制约,孔内只能驻留数层吸附质分子,孔容无法完全利用。

其他。吸附质和吸附条件也影响着活性炭吸附 VOC。通常情况下，升高吸附温度能让 VOC 在活性炭上吸附量减少，但个别的升高温度会促进分子扩散，提高吸附率。Yu–ChunChiang 等利用来自荷兰的泥炭做成直径 3mm 的活性炭、含沥青的煤做成粒径 0.1915 mm 粒状活性炭和粒径 3.157mm 的椰子壳状活性炭吸附四氯化碳、氯仿、苯和二氯甲烷 4 种 VOCs，结果表明，对苯的吸附更有效，因为苯有着高的吸附热和低的熵变。

活性炭存在着问题是活性炭可燃，脱附浓度波动大。在使用过程中，附着了着火点更低的物质，这使活性炭燃烧的风险增加。而分子筛吸附剂就能解决这个问题。

2.分子筛材料用于 VOCs 吸附

分子筛是一类具有均匀微孔，主要由硅、铝、氧及其他一些金属阳离子构成的吸附剂，其孔径与一般分子大小相当。由于分子筛由氧化硅和氧化铝组成，所以不易燃烧，性质稳定。

沸石分子筛作为一种晶体结构的硅铝酸盐化合物，其结构是由分子维度的微孔规则排列组成(微孔是指孔径小于 2nm)。根据沸石分子筛的结构，这些微孔的孔径通常在 0.3 ~ 1.5nm。目前，沸石分子筛大约有两百多种，沸石由于其微孔结构具有非常高的比表面积，这使得它具有较强的气体吸附能力，又因分子筛特有的孔道尺寸和形状，使其具有特殊的择形性，并且能够对不同种类的分子进行筛分，这种分子筛的择形效应在吸附方面有着重要的应用。沸石分子筛具有优良的离子交换能力、水热稳定性和较高的酸强度，这些特性影响着该吸附能力。

分子筛的合成原料是非均相的硅铝酸盐凝胶，其中最典型的凝胶组成是由活性硅源、铝源、碱和水混合而成。若合成高硅分子筛还必须加入有机模板剂，当然在加入有机模板剂时会造成二次污染，这不符合我们治理大气污染的理念。分子筛有水热合成、水热转化、离子交换等多种方法合成。沸石分子筛由于具备独特的孔道体系、较高比表面积、较好酸性以及筛分等特点，分子筛的吸附性能受到分子筛孔道大小、结构、骨架硅铝比、表面极性等因素所影响。以下按照这些因素进行述说。

孔道大小与结构。按照孔径大小，IUPAC(International Union of Pure and Applied Chemistry)将孔材料分为三类：微孔材料、介孔材料和大孔材料。孔径大小影响分子筛和活性炭对 VOC 的吸附，机理是类似的，不过相对活性炭来说，分子筛的孔道是有序的。分子筛吸附能力的大小首先与吸附物大小和孔径的大小有关，体积较大的 VOCs，其尺寸大于沸石孔隙尺寸，不利于有效吸附，VOCs 的直径小于分子筛的孔径就能被分子筛吸附到内部。现今很少有人用微孔分子筛来进行吸附 VOCs，因为大分子 VOCs 很难进入孔道内吸附效果差，另外微孔材料孔道狭窄、吸附之后脱附再生困难而且其脱附温度在 250℃以上，主要研究介孔以上材料。例如 Zhao 等研究介孔分子筛 MCM-41 作为去除 VOC 的吸附剂进行了测试。评估其吸附/解吸性能，并与其他疏水性沸石(硅沸石-1 和沸石 Y)和商业活性炭 BPL 进行比较。根据 IUPAC 分类，MCM-41 上的一些典型 VOC(苯，四氯化碳和正己烷)的吸附等温线属于 IV 型，与其他微孔吸附剂完全不同，表明气相中的 VOCs 具有在高分压下，为了充分利用新的中孔材料作为 VOC 去除的吸附剂。然而，MCM-41 的孔开口的适当改变可以将等温线类型从 IV 型改变为 I 型，而不会显著损失可及的孔体积，因此，显著提高低分压下的吸附性能。水对这些吸附剂的吸附等温线均为 V 型，表明它们具有相似的疏水性。MCM-41 中 VOCs 的解吸可以在较低温度(50-60℃)下实现，而微孔吸附剂、沸石和活性炭必须在较高温度(100-120℃)下进行。由于 MCM-41 具有较大的孔体积，当 VOCs 的分压逐渐升高时,VOCs 的吸附量大于沸石和活性炭。黄海凤等人对 VOC 吸附进行不同孔径大小的研究，通过采用 3 种不同碳链长度的季铵盐表面活性剂 Cn TAB(n=8,12,16)为模板剂，分别合成 8-MCM-41、12-MCM-41 和 16-MCM-41 介孔分子筛，结果表明当 MCM41 孔径减小时，其对低浓度甲苯、邻二甲苯的吸附量大幅上升，均三甲苯吸附量增加不明显，而均三甲苯的直径大于甲苯和邻二甲苯的直径。黄海凤等人还研究了 ZSM-5-300 对不同种类的 VOCs 吸附研究，结果表明对于分子尺寸大于 ZSM-5-300 分子筛孔道尺寸的大分子 VOCs 吸附效果较差，而对小分子的 VOCs 具有良好的吸附效果。这说明分子筛的孔径大小占很重要的作用。吕双春等人总结了分子筛孔道尺寸与 VOCs 分子大小的关系，LTA 型分子筛根据孔径大小的不同分为了 3A、4A 和 5A 三种分子筛，5A 分子筛可以吸附甲醛、丙酮、乙烯和乙烷，4A 分子筛能吸附甲醛和丙酮，而 3A 分子筛只能吸附甲醛，同样的，MEL、MFI、BEA、MOR、MEI、UOV 孔径依次增大，可以吸附更多种类的 VOCs 分子。这表明分子筛的孔径大小对 VOCs 吸附起到了至关重要地作用。

Nicolas 等人用三种具有疏水性的沸石分子筛(MOR、ZSM-5 和 FAU)，研究了吸附甲苯作为沸石通道大小和孔结构的函数。他们证明了甲苯可以很容易地被 FAU 沸石吸收，而当使用 MOR 和 ZSM-5 时，吸附能力下降，这表明了吸附依赖于沸石的结构。

硅铝比与极性。按照硅铝比的不同，可分为低硅分子筛(Si/Al≤2)、中硅分子筛(2<Si/Al≤5.0)、高硅分子筛(Si/Al>5.0)、全硅分子筛(Si/Al 接近∞)。具有高二氧化硅含量(即高 Si/Al 比)的疏水性沸石，如 β、丝光沸石、Y 和 ZSM-5，最近被证明是最适宜的吸附剂。

Greene 等人研究了不同 SiO_2/Al_2O_3 比值的 ZSM-5 沸石分子筛在潮湿空气环境下对气态三氯乙烯(TCE)的吸附。研究发现，当 $SiO_2/A_{l2}O_3$ 的比值从 30 增加到 120 时，沸石分子筛的 TCE 饱和吸附量从 6.0 wt%增加到 10.1 wt%。王斐等人研究了正丁烷和丁烯-1 在不同 Si/Al 比 ZSM-5 分子筛上的吸附和扩散，结果表明正丁烷与丁烯-1 扩散系数随着样品硅/铝比的增加而增加，同时又研究了 ZSM-5 分子筛对正丁烷与丁烯-1 吸附也受到了外部环境的影响。在 ZSM-5 分子筛内的扩散速率均随着温度的增加而增加,随着系统平衡压力的增加先增加后减小。黄海凤等人以不同硅铝比的 ZSM-5 分子筛(Si/Al=50、Si/Al=100、Si/Al=200、Si/Al=300)作为吸附剂，以甲苯为吸附质，随着 ZSM-5 硅铝比增加，分子筛的极性降低，该分子筛的疏水性和对甲苯的吸附量均提高。同样也表明硅铝比的大小影响着分子筛表面的极性。高硅分子筛疏水性强，易吸附非极性的挥发性有机物。

Eren Gu ü vencç等为了解 MFI 型沸石中的铝含量对水中 VOCs 吸附效果的影响，进行分子模拟，比较了具有不同 Si/Al 比的 MFI 型沸石对亲水性 MTBE 和疏水性 TCE 的吸附。在沸石吸附 TCE 的情况下，Al 位点与 TCE 分子之间的相互作用类似于 TCE 与沸石中剩余吸附位点之间的相互作用。因此，与 MTBE 吸附相反，Al 位点不促进 TCE 吸附，它们通过降低 TCE 分子的孔隙体积来降低高负载下的吸附能力。随着铝含量的增加，MFI 型沸石对疏水性 TCE 的亲和性较强，对 TCE 的吸附量增加，同样对 MTBE 的吸附量降低。亲水性和疏水性 VOCs 吸附时与水的作用不同，对于不同类型的 VOCs 可以选择特殊的吸附剂。高硅分子筛疏水性好，更有利于疏水性 VOCs 分子的吸附。从这更能看出分子筛的亲疏水性与其硅铝比的高低有关。

分子筛表面酸碱性。在绝大多数分子筛中，在硅酸盐的框架中，三价铝通过与氧键合形成四面体结构而嵌入框架中，这导致了框架中 Al 与 O 的电荷不再匹配，需要通过额外的钠离子进行补偿，当然钠离子也可以用其他的正离子进行代替，例如钾离子、氢离子。在一些沸石分子筛中，氢离子的交换可以使分子筛表现出较好的路易斯酸性和布朗斯特酸性，甚至这种酸性能够与硫酸的酸性相媲美，此外这种酸性的强弱还可以通过选择不同的结构组成进行调节。

周灵萍等用分析纯的 Li、K、Cs 离子的硝酸盐溶液对 NaY 分子筛进行交换改性，制备了不同金属阳离子(Li^+，Na^+，K^+，Cs^+)的 Y 分子筛，结果表明，由于位阻的原因，对含同一种碱金属离子的分子筛来说，随着芳烃侧链数的增加，芳烃的吸附量逐渐减小，随着骨架外的阳离子的半径逐渐增大，碱的强度逐渐增强，与芳烃的作用愈强烈，可以看出不仅沸石分子筛表面的酸碱性会影响吸附性能，外骨架阳离子也起到作用。李翠红为了研究表面酸性对甲醛吸附性能的影响,以 HZSM-5 为母体,利用等体积浸渍法制得一系列不同浓度 Na_2CO_3 溶液改性的吸附剂样品。随着样品 HZSM-5 的表面酸性逐渐减弱,总酸量依次减少,对甲醛的吸附性能却依次增加，对甲醛的吸附量增加到 44.6%。另外利用 NaOH 碱溶液对 HZSM-5 进行改性，结果发现，随着碱性处理条件增强，其总孔容依次增大，微孔容逐步减小，介孔体积逐步增大，致使甲醛的吸附量降低，因为甲醛属于小分子 VOCs，直径小的分子通过大孔时容易穿透不易被吸收，所以孔径不一定越大越好，只有分子与孔道尺寸相差不大最好。

（三）MOFs 材料用于 VOCs 吸附

金属有机骨架(简称 MOF)，是上个世纪末发展起来的一类新型的多孔骨架材料，它是由含金属的节点和有机桥联配体通过配位键连接构筑而成的新型配位聚合物，具有复杂多样的三维孔道结构。与传统无机材料相比，金属-有机骨架具有良好的孔隙度、较大的比表面积、组分均匀分散、孔表面官能团可修饰、材料结构与孔隙大小可控等特点，在气体存储、分离、分子识别、生物医药、催化和传感]等领域得到了广泛的应用。

影响着 MOFs 对 VOCs 吸附的因素有多种，主要分为气体因素、材料因素和外界因素，下面主要对这三种因素进行叙述下。

1.吸附质性质

影响 MOF 吸附 VOCs 的气体因素包括气体分子的尺寸、极性等物理性质。

浙江大学杨坤教授团队研究了 MOF-177 从空气中吸附丙酮、苯、甲苯、乙苯、邻二甲苯、间二甲苯、对二甲苯和乙烯苯的能力。研究表明，气体的含水量会直接影响 MOF-177 吸附 VOCs 的能力，原因是水分子会抢占材料结构中的活性位点并堵塞孔道，从而抑制对其他气体分子的吸附，不仅如此，MOF-177 的水稳定性并不理想，气体含水量过高会导致材料晶体结构分解。

该团队又研究了采用 $Cr_3F(H_2O)_2OE(O_2C)C_6H_4(CO_2)_3 \cdot nH_2O$(n 为 25)的配方，是由硝酸铬非水合物和对苯二甲酸的自动装配产品 MIL-101 作为吸附 VOC 的吸附剂，通过气体吸附实验测得数据，与 MOF-177 相比，MIL-101 对 VOCs 的饱和吸附量普遍要高很多。此外，C8H11 不同形态影响着 MIL-101 的吸附能力，邻、间二甲苯很难被吸附到孔内，而乙苯和对二甲苯就很顺利得被吸附到孔内。原因是 MIL-101 材料吸附 VOCs 是通过孔隙填充机制获得的，也就是空间位阻决定了它们进入 MIL-101 孔道的方式，邻二甲苯、间二甲苯等由于空间位阻较大，难以进入材料中的细微孔道，导致吸附量低于丙酮、苯等分子较小的气体。

2.环境因素

外界因素就是进行吸附过程的温度、压力和湿度，都会影响 MOF 的吸附量 Kowsalya Vellingiri 等研究通过亨利定律常数(KH)和吸附热(ΔHads)来评估六种 MOFs 材料(UiO-66、UiO-66(NH2)、ZIF-67、MOF-199、MOF-5 和 MIL-101(Fe))在不同温度和湿度条件下对苯的吸附量。结果表明，随着吸附温度从 293 K 增加到 373K，UiO-66、UiO-66(NH_2)、MOF-199、ZIF-67 和 4A 沸石的吸附容量值分别降低了 81.3、79.9、86.0、91.3 和 79.8%。温度对吸附能力的影响说明了 MOF 与气态甲苯物理吸附机理的重要性。

同时，又研究了 UiO-66、UiO-66(NH_2)、MOF-199、ZIF-67 和 A4 沸石在常温常压下，相对湿度(不同 RH 值分别为 25 和 50%)对气体甲苯穿透曲线的影响。发现 UiO-66、UiO-66(NH_2)、MOF-199、ZIF-67 和 A4 沸石的吸附能力的降低往往伴随着 RH 的增加，原因是 RH 的增加缩短了突破时间。

Mitra Bahri 等研究了相对湿度的存在对每个 MOF 上甲苯和异丁醇的吸附容量的影响，结果表明根据公式计算，得知在干燥空气(RH=0%)空气中，CPM-5、MIL-53 和 MIL-101

对甲苯和异丁醇吸附容量最大。另外，在相对湿度存在下，MOF样品上对VOC的吸附能力急剧下降证明了水分子和MOF之间形成的键比VOC和MOF之间形成的键更强。MIL-101对甲苯和异丁醇的吸附容量明显高于MIL-53和CPM-5，这是由于MIL-101具有超大的表面积和大介孔腔，为这些分子提供高储存能力，这证明影响VOC吸附因素里，材料因素处于重要的地位。

3.吸附剂因素

材料因素包括MOF的孔径尺寸、孔道性质(内表面活性基团种类和数量)、比表面积和孔总容量等。所选的MOFs，包括它们的比表面积和孔径，因为这些参数是它们吸附性能的重要指标。通常，有机链接物是多羧酸酯:1,3,5-苯三羧酸酯(以Cu合成的HKUST-1,以Al,Cr或Fe合成的MIL-100),1,4-苯二甲酸酯(以Zn合成的MOF-5);以V(IV)合成的MIL-47；以Al、Cr、Fe或Ga合成的MIL-53；以Cr,Fe合成的MIL-101)或1,3,5-苯三苯酸盐(以Zn合成的MOF-177)。其中大部分可以很容易地大量合成，如:MOF-5、HKUST-1、MIL-100、MIL-101、MOF-177、Mn3[(Mn4Cl)3(BTT)8]2(BTT-1,3,5-苯三唑酸盐)[74-75,78-80]。不同的MOF对乙醇吸附量不同，更加证明，对特定的VOC要选择适宜的材料吸附。王铭扬等采用水热法合成了金属-有机骨架材料MIL-53(Al,Fe,Cr)，研究发现无论是对CH2Cl2还是对CHCl3的吸附,3种吸附剂对氯化甲烷的吸附量均满足MIL-53(Al)对氯化甲烷的吸附能力最强，MIL-53(Cr)次之，MIL-53(Fe)最弱，另外二氯甲烷比三氯甲烷更易被MIL-53(Al,Fe,Cr)吸附。

挥发性有机化合物是最麻烦的空气污染物之一，因为它们在光化学烟雾中的毒性和前体作用，以及广泛的来源。虽然近年来提出了许多去除VOC的技术，但由于效率低、能耗高、有毒副产物严重等缺点，很多技术不适合商业应用。目前，吸附法是目前应用最广泛的VOC处理方法之一。吸附剂的选择是VOC吸附技术最关键的方面。本文综述了活性炭、分子筛、MOFs三种热门材料对VOC的吸附性能。讨论了控制VOC吸附在吸附剂上吸附质的主要因素，如孔径、比表面积、化学官能团、分子尺寸、极性、吸附温度、压力和湿度等。从这项综述工作中可以看出，人们对研究不同特性的材料来吸附VOCs是很感兴趣的。

第二节　重金属离子吸附材料

综述了以无机吸附材料(碳质类、矿物类和金属氧化类)、高分子吸附材料(人工合成高分子材料和天然高分子材料)和复合型吸附材料(有机/有机型、有机/无机型和无机/无机型)为代表的重金属离子吸附材料的结构特征和吸附性能。重点介绍了离子选择性吸附材料(螯合型吸附材料和离子印迹型吸附材料)和可降解生物质基离子吸附材料(纤维素、壳聚糖、木质素和农林废弃物)等新型重金属离子吸附材料的研究进展，同时展望了重金属离子吸附材料的发展方向。

我国水体重金属污染问题日益严重，汞(Hg)、铬(Cr)、镉(Cd)、铅(Pb)、铜(Cu)等重金属离子含量超标的废水通过水体、土壤、食物链等进入生物体内并不断富集，给人类健康和社会发展造成严重危害。2015 年，我国正式颁布并启动《水污染防治行动计划》，标志着我国对水污染问题的整治进入战略性阶段。如何降低和消除重金属离子污染并有效回收重金属资源是当今社会面临的重要问题。去除重金属离子的主要方法包括化学沉淀法、电解法、反渗透法、离子交换法、膜分离法等。然而，这些方法均存在不足之处，如化学沉淀法和电解法不适用于处理低浓度重金属离子废水，难以将重金属离子浓度控制在废水排放标准以内，且处理过程中还会产生大量污泥造成其他污染；且电解法耗电量大，处理废水成本高；离子交换法和膜分离法处理效果较好，但受水中杂质、处理环境等因素的影响较大，且后期维护成本较高。而吸附法因具有所需原料来源广泛、吸附量大、选择性高、再生处理方便等优势，逐渐在重金属离子去除/回收应用领域得到关注。

一、重金属离子吸附材料的研究现状

重金属离子吸附材料按吸附类型可分为化学吸附材料、物理吸附材料和亲和吸附材料；按材料形态及孔结构可分为多孔吸附材料(活性炭、吸附树脂、活性铝、硅胶)和无孔(少孔)吸附材料(纤维类、生物类、矿物类)等。重金属离子吸附材料既包括人工合成吸附材料和天然吸附材料，亦包括有机高分子材料和无机材料，其已成为一个多学科交叉的热点研究领域。

（一）吸附机理和研究方法

根据吸附机理进行分类，重金属离子吸附可分为物理吸附、化学吸附和亲和吸附[8]。物理吸附是指吸附材料将吸附质吸附到表面并固定，不改变吸附材料的理化性质；化学吸附是指吸附材料表面通过电子转移或电子对共用与吸附质形成化学键或配位键等作用方式发生的吸附；亲和吸附是指依赖吸附质与吸附材料之间特殊的生物结合力而实现的吸附过程，具有更高的选择性。吸附材料对重金属离子的吸附过程不仅取决于重金属离子的存在特性，还受吸附材料与重金属离子之间相互作用形式及外界环境因素的影响。对重金属离子吸附机理的研究主要包括吸附热力学和吸附动力学研究。吸附热力学研究是基于实验数据的几种常见等温吸附模型(Langmuir、Freundlich、Temkin)的拟合，通过计算出该吸附体系中焓值、熵值等热力学参数来解释吸附过程中的热力学问题。吸附动力学的研究主要是依据吸附材料的瞬间吸附量与时间的关系曲线，用实验所得数据拟合准一级、准二级动力学等速率模型，计算吸附过程的吸附速率常数、吸附活化能和吸附指前因子来阐明重金属吸附过程的动力学问题。

（二）分类及应用研究

按照材料组成的不同，重金属离子吸附材料可分为无机吸附材料、高分子吸附材料和复合型吸附材料 3 类。在实际应用中可针对不同应用要求选择不同的吸附材料处理重金属离子。

无机吸附材料无机吸附材料多为具有孔结构、比表面积较大的天然无机化合物，一般具备离子交换能力，其特点是来源广泛、成本低廉、吸附量较高，通常分为碳质类、矿物类、金属氧化物类等。

碳质类碳质类吸附材料包括活性炭、碳纳米管等。活性炭是一种含碳的多孔物质，分为粉末和颗粒状 2 种，因其巨大的比表面积(800 ~ 3000 m^2/g)和发达的孔隙结构而被用作吸附材料，是最为常见的碳质吸附材料。粉末活性炭的吸附能力较强，但其制备需要高温条件，且投入水相后难以回收、再生和重复使用。颗粒活性炭的吸附能力低于粉末活性炭，但可再生、重复使用。目前多采用颗粒活性炭吸附废水中重金属离子。碳纳米管(CNTs)是一种新型的碳质吸附材料，分为单壁碳纳米管(SWCNTs)和多壁碳纳米管(MWCNTs)2 种。碳纳米管具有中空和层状结构、高比表面积、高疏水性和高化学稳定性等特点，对重金属离子有一定的吸附作用[9]，CNTs 改性后能提高其对重金属离子的吸附性能。Vukovic'等分别用乙二胺、二乙烯三胺和三亚乙基四胺改性 MWCNTs，发现改性 MWCNTs 对 Pb^{2+}和 Cd^{2+}吸附性能显著提高，还可重复多次使用。碳质类吸附材料虽具有大的比表面积且经改性后具有优异的吸附性能，但较高的制备和再生成本限制了其在重金属离子吸附领域的应用。

矿物类矿物类吸附材料常见的有硅胶、膨润土、沸石等，因来源广泛、种类多、价格低廉，受到研究者们极大的重视。矿物材料因具有可交换的阳离子、表面负电荷、表面活性羟基、较大的比表面积和孔道结构等，可用于重金属离子吸附。未经处理的矿物材料吸附量通常较低，相关研究多集中在采用不同改性方法以增强其离子吸附能力方面。Aguado 等研究氨基化介孔硅胶时发现，经缩聚改性对硅胶材料吸附 Cd^{2+}的吸附能力影响不大，而接枝改性使得硅胶材料对 Cd^{2+}的吸附能力提高了 75%。膨润土的结构疏松，孔隙度较高，比表面积大，具有良好的离子交换能力与吸附性能。Eren 等研究发现酸活化膨润土对 Cu^{2+}的 Langmuir 单层吸附量为 42.41mg/g，大于未活化的膨润土单层吸附量 32.17mg/g。天然沸石因杂质含量高、孔隙易堵塞、孔径不均匀等缺点影响了其吸附效果，目前大多用合成沸石吸附水中的重金属离子。Syafalni 等利用阴离子和两性表面活性剂改性天然沸石，2 种

方法改性的沸石对 Cr^{6+}、Fe^{6+}、Cu^{2+}、Ni^{2+}的去除率均大于 85%，经阴离子改性的天然沸石在低浓度重金属离子溶液中仍有良好的吸附效果，可在短时间内快速达到吸附平衡。

金属氧化物氧化铁、氧化铝和氧化锰等金属氧化物具有特殊的表界面特性和反应活性，常用于去除水中的重金属离子。表面络合理论认为金属氧化物吸附材料的表面羟基参与配体交换和络合反应的程度是决定材料吸附性能的主要因素之一。Zhang 等利用透射电子显微镜(TEM)、X 射线衍射仪(XRD)、红外光谱仪(FT–IR)和 X 射线光电子能谱(XPS)等手段推测 Fe–Ce 材料具有固溶体结构，表面活性位点含量比 Fe、Ce 单独氧化物更高，因此具有更优的离子吸附性能。Huang 等使用流态化床反应器反应的副产物氧化铁去除废水中的铜离子，发现氧化铁对 Cu^{2+}的最大吸附量可达 13.44 mg/g，吸附过程符合准二级动力学模型。Wei 等利用微波辅助的水热法制备了空心巢状的 α–Fe_2O_3，特殊的多孔结构和较大的表面积(152.42 m^2/g)使其对 As^{5+}和 Cr^{6+}的吸附量达到 75.3 和 58.5 mg/g。

高分子吸附材料高分子材料包括人工合成高分子材料和天然高分子材料。最常用的人工合成高分子吸附材料是各种功能性树脂，如离子交换树脂、螯合树脂等。树脂作为传统的吸附材料通常具有高吸附性能、高机械强度、粒径可控和可重复使用等优点。Arasaretnam 等用单宁、苯酚与甲醛制备酚醛吸附树脂，经磺化后该树脂对 Pb^{2+}离子具有良好的吸附效果，当单宁与酚醛质量比为 2∶1 时，磺化前后的静态饱和吸附量可分别达到 21.74 和 63.13mg/g。Cyganowski 等分别用 1–(2–氨乙基)哌嗪(树脂 1P)、1–氨基–4–甲基哌嗪(树脂 2P)、1–甲基哌嗪(树脂 3P)改性乙烯基苄氯(VBC)/二乙烯基苯(DVB)共聚物，研究发现树脂 1P 对 Pd2＋最大吸附量为 150mg/g，树脂 2P 对 Au3＋的最大吸附量为 331mg/g，树脂 3P 对 Pt4＋的最大吸附量为 405mg/g。Zong 等以原子转移自由基聚合制备交联聚丙烯腈(PAN)，经盐酸羟胺改性制备偕胺肟基 PAN 吸附树脂，该树脂在 pH 值为 2 溶液中对 Hg^{2+}的吸附量可达 661.9mg/g，树脂经 HCl 洗脱再生后可重复多次使用。

天然高分子材料是指存在于自然界动植物体内的大分子聚合物，用作重金属离子吸附材料的天然高分子材料有纤维素、木质素、甲壳素、壳聚糖、淀粉及农林废弃物等，它们具有来源丰富、储量大、可降解、无污染等优点。天然高分子材料通常含有多种功能基团，如—COOH、—OH、—NH_2等，可通过离子交换、螯合等方式吸附重金属离子。Todorciuc 等研究了麦草木质素对 Cu^{2+}的吸附行为，在最佳吸附条件下，麦草木质素对 Cu^{2+}的去除率可达 90%，最大吸附量约为 10 mg/g，该吸附过程以离子交换作用为主。Feng 等用丙烯酸甲酯改性废弃橘子皮(OP)，研究发现改性 OP 对 Cu^{2+}的吸附量可达 289.0 mg/g，较未改性的 OP 提高了 6.5 倍，吸附处理后溶液中重金属离子含量能够达到国家工业废水排放标准。Dang 等用硝酸处理小麦秸秆，综合考察环境 pH 值、吸附时间、温度等因素对该材料吸附水相中 Cd^{2+}和 Cu^{2+}吸附性能的影响，研究表明 pH 值从 4 提高到 7 时，该吸附材料对 Cd^{2}

$^{+}$和 Cu^{2+}的吸附量分别提高了 130%和 60%。

复合型吸附材料复合型吸附材料是指将多种理化性质不同的材料通过某种方法复合而形成的吸附材料。复合型吸附材料可根据实际需求进行多样化的结构设计，其优异性能是单一材料所不具备的。现复合型吸附材料已成为重金属离子吸附与分离技术不可或缺的重要组成部分。根据复合基材的不同可分为 3 类，包括有机/有机型、有机/无机型和无机/无机型。

有机/有机复合型材料是将多种有机高分子通过一定的理化方式复合而成的高分子材料，它们可利用材料间的协同作用提高复合材料吸附性能。Liu 等以均苯四甲酸(PMDA)和氨甲基苯基三甲氧基硅烷(PAMTMS)为原料，利用溶胶-凝胶法合成两性离子共聚复合材料，该复合材料对 Pb^{2+}具有良好的吸附性能，最大吸附量可达到 310.5mg/g，解吸率可达到 90%以上，多次重复使用后吸附率并未下降。Wang 等利用聚乙二醇二丙烯酸酯(PEGDA)和甲基丙烯酸(PMAA)合成互穿网状聚合物水凝胶(IPN)，受材料间协同作用的影响，该复合水凝胶材料的机械性能和吸附量有所提高，对 Cu^{2+}、Pb^{2+}、Cd^{2+}均有良好的吸附性能，去除率与重复使用率均达到 90%以上。

有机/无机复合型材料是将有机高分子材料与无机材料以某种方式结合起来，以其中一种材料为基体、另一种材料作为增强体形成的新型材料。有机/无机型复合材料兼备有机、无机材料的各自优点并呈现出协同效应，大大提高和改善复合材料的吸附性能、亲水性能、化学稳定性能等。Gupta 等[10]通过沉淀法合成羟磷灰石/壳聚糖复合材料(HAPC)，该复合材料对重金属离子的吸附顺序为 $Pb^{2+}>Co^{2+}>Ni^{2+}$，壳聚糖的复合增加了复合材料的分散性和吸附速率，利于吸附后重金属离子的后续分离过程。Huang 等制备了磁性 Fe_3O_4/聚丙烯复合材料，该复合材料对 Cu^{2+}、Cr^{6+}的最大吸附量分别为 12.43 和 11.24mg/g。有机聚丙烯结构的引入能够延长磁性 Fe_3O_4材料的使用寿命，还可以结合磁分离技术多次重复使用。

无机材料来源广泛，价格低廉，用作复合基材具有良好的成本优势。多种无机材料通过某种方式复合后，材料的吸附性能、机械性能、热稳定性能会明显增强。Ismail 等研究二氧化钛(TiO_2)/二氧化硅(SiO_2)复合氧化物吸附材料时发现:双组分界面特性可提高复合材料对 Cd^{2+}和 Ni^{2+}的吸附性能，在最佳吸附条件下，去除率可达 100%。Hao 等制备了新型 SiO2/石墨烯复合材料，该材料对 Pb^{2+}具有选择性吸附特性:在 Cu^{2+}、Pb^{2+}、Ni^{2+}、Co^{2+}、Cd^{2+}和 Cr^{3+}等多种离子共存溶液中对 Pb^{2+}的去除率高达 84.23%，对其他离子基本无吸附。

二、重金属离子吸附材料的发展趋势

随着人们对特定重金属回收、再利用的要求以及环境对可降解吸附材料的需求，离子选择性吸附材料和可降解吸附材料已成为重金属离子吸附材料研发的两大趋势。

（一）离子选择性吸附材料

选择性吸附是指因吸附材料的组分、结构的不同所表现出对某些物质优先吸附。吸附材料的选择性越好越有利于分离与回收特定重金属离子。目前离子选择性吸附材料的研究多集中在以下 2 种:一是结构中含有可与特定重金属离子形成化学配位键的胺基(—NH_2)、羧基(—COOH)、巯基(—SH)等配位基团，从而表现出对重金属离子选择性吸附性能的螯合类吸附材；二是吸附材料在空间结构上可识别、匹配特定离子从而表现出重金属离子选择性吸附行为，如根据模板离子结构的记忆识别特性制得的离子印迹吸附材料。

螯合型吸附材料螯合型吸附材料利用结构中配位基团与重金属离子通过选择性配位作用形成有机–金属螯合物，利用这一性质可设计出重金属离子选择性吸附材料。含 S 配位基团的吸附树脂通常可选择性吸附 Hg^{2+}和 Au^{3+}。Ertan 等以硫脲和尿素为原料分别合成含硫醚键的硫脲树脂(TF)和脲醛树脂(UF)，TF 和 UF 在含 Cu^{2+}、Zn^{2+}和 Au^{3+}3 种离子的溶液中均可选择性吸附分离 Au^{3+}，吸附量分别为 52.01 和 89.24mg/g，经过吸附与解吸后可多次重复使用。Xiong 等用一步法制备聚丙烯腈–2–氨基噻唑螯合树脂，在 Ni^{2+}、Cu^{2+}、Zn^{2+}、Pb^{2+}和 Hg^{2+}共存的混合液中，该树脂对 Hg^{2+}有专一的选择性吸附行为，吸附量可达 526.9mg/g,而对其他离子无吸附。含 N 原子配位基团的吸附材料与 Cu^{2+}有较强的配位作用，能够从混合离子溶液中选择性吸附 Cu^{2+}。Chouyyok 等用含 N 原子的邻二氮菲单元修饰纳米介孔碳材料，该材料(Phen–FMC)在含 Ca^{2+}、Fe^{2+}、Ni^{2+}、Zn^{2+}和 Cu^{2+}等混合离子溶液中能够选择性吸附 Cu^{2+}，去除率高达 99%，对其他离子的去除率低于 28%。含偕胺肟基团的吸附材料对 Ur^{6+}吸附性能优异，Liu 等将聚丙烯腈纤维与羟胺反应，制成偕胺肟基聚丙烯腈纤维材料，该材料可高效提取溶液中的 Ur^{6+}，最大吸附量可达 297.5mg/g。

离子印迹吸附材料离子印迹技术是以阴、阳离子为模板制备对模板离子有特异性识别性能材料的新技术。离子印迹材料可通过空间结构匹配方式实现对模板离子的特异识别和选择性吸附分离。Liu 等以 Pb^{2+}作为模板离子制备二硫代氨基甲酸盐–壳聚糖微球(Pb–IDMCB)，当溶液 pH 值 6 时，Pb–IDMCB 能够选择性吸附 Pb2＋离子，吸附量高达 359.68mg/g。Hou 等以壳聚糖(CTS)、甲基丙烯酸酯(GMA)、二乙烯基苯(DVB)、聚苯乙烯(PSt)为原料制备了 4 种不同形貌的银离子印迹颗粒，银离子印迹固体颗粒(Ag–IISPs)、银离子印迹空心颗粒(Ag–IIHPs)、银离子印迹单孔空心颗粒(Ag–IISHPs)和银离子印迹 Janus 空心颗粒(Ag–IIJHPs)等银离子印迹聚合物，4 种材料对 Ag^+的单层吸附量分别为 90.2、124.9、166.0 和 117.2mg/g，4 种材料对 Ag^+/Cu^{2+}和 Ag^+/Zn^{2+}的吸附选择性因子 α 均大于 4，表现出优异的 Ag^+吸附选择性能。

（二）可降解生物质基吸附材料

纤维素、壳聚糖、木质素、农林废弃物等可再生生物质资源数量巨大，同时具有来源广、成本低、可降解等优点，用于开发成天然生物质基可降解吸附材料可实现废弃资源回收再利用。将生物质资源用于重金属离子吸附材料的制备，一方面是由于其分子结构中孔隙度较高、比表面积较大，能与重金属离子发生物理吸附；另一方面，生物质分子结构中含有丰富的重金属离子吸附基团，如—COOH、—OH、—NH_2等，可通过离子交换、螯合等作用方式吸附重金属离子。然而，将天然生物质资源直接作为重金属吸附材料一般存在吸附量低、吸附选择性不佳等问题，为改善生物质基重金属离子吸附材料的吸附性能，研究者们往往采用化学改性、材料复合等方法制备吸附性能更为优异的可降解吸附材料。

纤维素是自然界储量最丰富的天然生物质资源，它是由 D-吡喃型葡萄糖以糖苷键连接而成的大分子多糖，分子中存在大量羟基易于化学改性。Zhou 等[40]利用马来酸酐酯化纤维素将表面羧基提高到 2.7mmol/g，改性后纤维素对 Hg2＋的单层吸附量高达 172.5mg/g。Peng 等在离子液体中通过溶胶-凝胶法制备磁性壳聚糖-纤维素复合微球(N-MCMS)，研究发现 N-MCMS 对 Cu^{2+}的吸附量高达 75.82mg/g，共存离子(K^{+}、Ca^{2+}、Cl^{-}、)对其吸附性能几乎无影响，N-MCMS 经解吸多次重复使用后仍保持良好的 Cu^{2+}吸附性能。

壳聚糖壳聚糖是由甲壳素脱乙酰化得到的直链高分子，分子结构中含有—NH_2、—OH 和—CONH—等多种能与金属离子直接发生配合作用的基团，这些活性基团还便于对壳聚糖进行改性修饰。Chauhan 等用硫脲、戊二醛与壳聚糖反应制得希夫碱型壳聚糖，改性壳聚糖对 Cr^{6+}和 Cd^{2+}2 种离子的最大吸附量分别为 434.8 和 666.7mg/g，去除率均超过 96%。Zhou 等用可降解的酮戊二酸在磁性纳米氧化铁表面包裹壳聚糖分子制备壳聚糖磁性纳米材料(CCMNPs)。CCMNPs 对 Cu^{2+}最大吸附量可达 96.15mg/g，该材料还可结合磁分离技术多次重复使用。Caner 等利用壳聚糖凝胶包裹硅藻土制备壳聚糖复合吸附材料(CCD)，CCD 对 Hg^{2+}的单层吸附量高达 116.2mg/g，相比未复合改性的硅藻土(吸附量 68.1mg/g)有显著提高，这种吸附性能的改善主要是通过壳聚糖的配位作用和离子交换过程来实现。

木质素木质素是自然界储量仅次于纤维素的芳香族生物质资源，其本身具有一定的重金属吸附性能，经改性、复合处理后可制备吸附性能优良的重金属离子吸附材料。Lu 等分别用甘氨酸和胱氨酸接枝酶解木质素制备 EHL-Gly 和 EHL-Cys 吸附材料，—COOH 和—NH_2基团的引入使得改性后的 EHL-Gly 对 Cu^{2+}和 Co^{2+}的最大吸附量达到 76.1 和 91.8mg/g，EHL-Cys 对 Cu^{2+}和 Pb^{2+}离子的最大吸附量可达到 81.3 和 146.6mg/g。Li[48]用碱木质素、聚乙烯亚胺(PEI)和二硫化碳制备了一种多孔木质素材料(SFPL)。材料比表面积(22.3m^2/g)和孔径(41.3 nm)的增大以及 N、S 原子的引入使得 SFPL 对 Pb^{2+}离子的吸附量高达 188mg/g，相较未改性碱木质素提高了 13 倍，吸附动力学与热力学研究表明 SFPL 的离子吸附过程符合准二级动力学模型，是一个吸热、熵增的自发吸附过程。

农林废弃物农林废弃物是农林生物质生长与加工过程中的副产物，主要有树皮、果壳、蔗渣、锯末、秸秆等，利用农林废弃物开发新型吸附材料具有成本低、资源丰富、可降解等优点。Oliveira 等研究了未经处理的咖啡豆壳对溶液中 Cu^{2+}、Cd^{2+}和 Zn^{2+}的吸附性能，研究表明咖啡豆壳对 Cu^{2+}的吸附效率为 89%～98%，对 Cd^{2+}吸附效率为 65%～85%，对 Zn^{2+}吸附效率为 48%～79%。Witek-Krowiak 等研究了花生壳对 Cu^{2+}和 Cr^{3+}的吸附性能，发现花生壳对 Cu^{2+}和 Cr^{3+}的饱和吸附量为 25.39 和 27.86mg/g，在 20min 即可快速达到吸附平衡。

吸附法是处理重金属离子废水的重要方法，开发廉价、高吸附量、高选择性、可再生、无污染的吸附材料是重金属离子吸附研究的重要方向。重金属离子吸附材料在水体资源净化、污染物治理等领域有着广阔的应用前景，但仍有待进一步发展。

现有研究模型多为传统的吸附分析模型，对重金属离子吸附材料的吸附机理分析还不够深入，如何采用各种先进的分析技术和数学模型探索重金属离子吸附过程中吸附材料与吸附质的相互作用以及产生的化学变化，对于了解重金属吸附选择性的本质和开发高性能的吸附材料具有重大意义。

结合现代新型化学合成技术和材料复合技术，开发具有高效重金属离子选择性及吸附/脱附性能的吸附材料。

虽然目前天然生物质吸附材料已在水体重金属离子吸附材料中获得应用，但由于其种类多、吸附量低和无定形状态等因素限制其大规模应用，未来仍有待加强生物质基吸附新材料及其高效吸附性能等方面的基础研究与应用技术开发。

第三节　纤维素基吸附材料

对天然纤维素进行酯化、醚化及接枝共聚等改性可制得纤维素基吸附材料,其可吸水、吸油、吸附重金属离子和有机物等,是一种新型功能性高分子材料,具有重要的应用价值。文章主要介绍了近年来纤维素基吸附材料的研究现状,展望了纤维素基吸附材料的发展前景。

吸附材料在吸附体系中充当吸附剂的角色,是决定高效能吸附过程的关键因素。吸附材料必须具有以下特征：颗粒尺寸均匀,比表面积及吸附容量大,选择性、热稳定性、化学稳定性及强度性能好,可再生。此外,吸附材料还应来源广泛且价格低廉。目前,应用较多的吸附材料主要有分子筛、活性炭、离子交换树脂、吸附树脂等,这些吸附材料大多以动植物、煤、石油等有机物作为生产原料。用于制备传统吸附材料的原料大多不可再生,且难生物降解。纤维素是自然界中最丰富的、可再生的天然高分子化合物,具有价廉、可降解、环境友好性强等优点,其由D–吡喃式葡糖糖苷以β–1–4–苷键连接而成。聚集态结构研究结果表明,纤维素由结晶结构和无定形结构构成,两者之间没有明显的界线。纤维素分子链中,每个葡萄糖基上有3个羟基,即2个仲醇羟基(C_2—OH和C_3—OH)和1个伯醇羟基(C_6—OH),这些羟基可进行酯化、醚化和接枝共聚等反应,以生成各种纤维素衍生物。纤维素基吸附材料是具有重要应用价值的改性纤维素材料,因此,关于纤维素基吸附材料的研究倍受重视。

文章主要介绍了近年来纤维素基吸附材料的研究现状,展望了纤维素基吸附材料的发展前景。

一、纤维素的反应体系及纤维素基吸附材料的制备方法

纤维素本身具有一定的吸附作用,但吸附能力(即吸水、吸油、吸附重金属离子等能力)并不强,吸附容量小,选择性差。这是因为纤维素分子上的羟基会形成分子内和分子间氢键,纤维素分子链以多层次盘绕的方式构成高结晶度的纤维素纤维,羟基被封闭在结晶区内,使羟基不可及,严重影响了纤维素的反应活性。要提高纤维素的可及度,必须增大纤维素的活性表面积和改善其微孔结构,降低结晶度,以暴露出更多羟基。可通过物理方法(即微粉化、薄膜化、微球化等)对纤维素进行预处理(活化),提高反应试剂对纤维素的可及度,促进反应试剂在纤维素中的渗透和扩散。为了改善纤维素的吸附性能,或制备纤维素基吸附材料,也可对纤维素进行化学改性(即氧化、醚化、酯化、接枝改性等),以引入具有特定吸附性能的官能团。

(一)纤维素的多相反应与均相反应

纤维素反应可分为多相反应和均相反应。由于纤维素本身是非均质的,多相反应过程中,其不同部位的超分子链结构呈不同的形态,因此,对于同一化学试剂,纤维素会表现出不同的可及度。只要天然纤维素的结晶结构保持完整,化学试剂便很难进入其结晶结构的内部,进而阻碍多相反应的均匀进行。工业生产过程中,绝大多数纤维素衍生物是在多相介质中制得的,多相反应只能发生在纤维素结晶区表面和无定形区,并非均匀取代,因此,副产物多;均相反应过程中,纤维素溶解于溶剂中,分子间与分子内氢键均已断裂,伯羟基和仲羟基全部可及不存在反应试剂在纤维素中的渗透速度不均一问题,有利于提高纤维素的反应性能,取代基均匀分布。

在均相体系中制得球形纤维素珠体,然后在球形纤维素珠体上接枝丙烯腈和丙烯酰胺,以对其进行磺甲基化改性,制备得到含腈基的球形纤维素吸附剂(SCAN)。刘明华等将马尾松浆溶解在NMMO中,制得纤维素–NMMO溶液,按一定比例加入少量表面活性剂并混合均匀,

然后将混合液分散在变压器油中,加热固化,制得球形纤维素,最后以 $NaHSO_3/K_2S_2O_8$ 为引发剂,将 2–丙烯酰胺基–2–甲基丙磺酸(AMPS)接枝到交联后的球形纤维素骨架上,制得球形纤维素吸附剂。

纤维素基吸附材料的制备方法。制备纤维素基吸附材料的方法有 2 种：一是直接对纤维素进行酯化、醚化、接枝共聚等改性；二是先对纤维素进行预处理,活化纤维素,然后再对活化后的纤维素或再生纤维素进行改性。显然,单从吸附性能方面考虑，后者是优选的方法。

（二）基于酯化、醚化改性的纤维素基吸附材料的制备

纤维素的酯化反应通常在多相反应介质中进行。制备纤维素基吸附材料常用的酯化剂有浓硫酸、三氧化硫、氯磺酸等,常用的反应介质有二甲基甲酰胺(DMF)/N_2O_4、吡啶和醇类等。王小芬等以普通滤纸为原料,通过固相合成法,采用琥珀酸酐对经超声波和搅拌处理后的滤纸纤维进行酯化改性,改性后的产品对 820 mg/L 硫酸铜溶液中铜离子的最大吸附量可达 470 mg/g。滕艳华等将碱处理后的丝瓜络纤维素与柠檬酸混合,以硫酸氢钠为催化剂,在 N,N–二甲基甲酰胺溶液中通过酯化反应制得改性丝瓜络纤维素重金属离子吸附材料,该吸附材料对 0.512 mg/L 硫酸铜溶液中铜离子的平衡吸附量为 22.94 mg/g。彭丽等研究发现,水稻秸秆经蒸汽爆破–醋酸酐酯化改性后,其亲油疏水性显著改善,改性后的水稻秸秆纤维材料的吸油倍率由改性前的 5.66 g/g 增至 8.54 g/g,吸水倍率由改性前的 7.59 g/g 降至 0.10 g/g。项小燕等以花生壳为原料,通过甲醇酯化法改性制备纤维素基吸附材料,并用于处理刚果红、次甲基蓝染料废水；结果表明,纤维素基吸附材料对两染料的最大吸附率分别为 82.3%和 90.8%,饱和吸附量分别为 10.88 mg/g 和 11.82 mg/g。张忠忠采用离子液体[BMIM]Cl 溶解微晶纤维素,以水为凝固相注射制得纤维素微球,在碱性条件下对纤维素微球进行环氧化和多胺化改性,改性后的纤维素微球对 Pb^{2+}的最大吸附量达 99.5 mg/g。

醚化法可分为直接醚化法和间接醚化法。纤维素醚类吸附材料主要是通过间接醚化反应制得,其中,环氧氯丙烷是最常用的醚化剂。赵升云等以竹粉为原料,通过环氧氯丙烷和开链氮杂冠醚化制得改性开链氮杂冠醚化球形竹纤维素,该改性球形竹纤维素对 Cu^{2+}静态吸附的饱和吸附容量为 97.93 mg/g。张锐利以甜菜纤维为原料,采用醚化交联法制得高吸水性聚合物,其最高吸蒸馏水倍率为 57.0 g/g。

（三）基于接枝共聚改性的纤维素基吸附材料的制备

接枝共聚是对纤维素进行改性的重要方法之一,即单体发生聚合反应,通过共价键接枝到纤维素大分子链上。接枝共聚改性可赋予纤维素新的性能,同时又不会完全破坏纤维素固

有的优点。

李振华以过硫酸铵为引发剂,N,N-亚甲基双丙烯酰胺为交联剂,以丙烯酸(AA)、丙烯酰胺(AM)、3-氯-2-羟丙基三甲基氯化铵(CHPTAC)等单体为改性剂,在一定条件下对羧甲基纤维素进行接枝共聚改性,制得纤维素基吸附材料,并对其最佳应用条件进行了探索。艾买提江·萨伍提等以取代度为0.058的马来酰化微晶棉秆纤维素(MMCC)为交联剂,以丙烯酸(AA)和丙烯酰胺(AM)为单体,2,2-二甲氧基-苯基甲酮(PI)为引发剂,采用紫外光聚合法,制得降解性马来酰化微晶纤维素接枝聚丙烯酸-丙烯酰胺高吸水树脂,其在蒸馏水和生理盐水中的吸液率分别为1360 g/g和140 g/g。卫威等以蔗渣纤维为原料,以甲基丙烯酸十八烷基酯为单体,过硫酸铵为引发剂,并采用十二烷基硫酸钠(SDS)和壬基酚聚氧乙烯醚(OP-10)复配乳化剂体系,以二甲基丙烯酸乙二醇酯为交联剂,采用常规接枝共聚法制得改性蔗渣纤维吸油材料。

通常认为,接枝程度取决于纤维素的聚集态结构,接枝主要发生在纤维素的无定形区,因为反应物在无定形区容易扩散,从而有利于接枝。刘以凡等以马尾松硫酸盐浆为原料,根据热溶胶转相法,采用反相悬浮技术,制得球形纤维素珠体,然后对球形纤维素珠体进行接枝及微波催化改性,制得含咪唑基和羧基的球形纤维素螯合吸附剂(SCCA)。

二、纤维素基吸附材料的应用

(一)纤维素基重金属离子吸附材料

大多工业废水中含有有毒金属离子或其他离子,直接排放不仅会造成环境污染,还会危害人体健康。工业废水中重金属离子的回收已成为工业化城市面临的难题。纤维素及其衍生物具有吸附或螯合重金属离子的能力,可用于海水中回收铀、金等贵金属离子,或用于处理污水中的重金属离子。近年来,国内外关于利用纤维素基吸附材料吸附Cr^{6+}的研究很多。刘伟先对针叶木纤维进行碱处理,然后与三氯二羟丙基三甲基氯化铵进行接枝反应,制得阳离子纤维素基吸附材料,其对Cr^{6+}的最大吸附量可达10 mg/g。刘金苓等以纤维素和甲壳素为原料,通过物理改性制得纤维素-甲壳素吸附材料,该吸附材料对Pb^{2+}的最大吸附量为50.76 mg/g,可用于处理被Pb^{2+}污染的水体。Osvaldo等用乙二胺四乙酸二酐处理未经丝光化处理的甘蔗渣、1次丝光化处理的甘蔗渣和2次丝光化处理的甘蔗渣;结果表明,经乙二胺四乙酸二酐改性后的2次丝光化处理的甘蔗渣对Cu^{2+}、Cd^{2+}和Pb^{2+}的吸附能力最强,其对Cd^{2+}的最大吸附量达149 mg/g。晁燕分别采用硝酸和环氧氯丙烷对花生壳进行改性,并研究了2种改性产物对Ni^{2+}的吸附能力;结果表明,2种产物对Ni^{2+}的吸附效果显著,其中,环氧氯丙烷改性花生壳的吸附性能优于硝酸改性花生壳。李步海等[21]以玉米芯纤维素为原料,通过环氧氯丙烷交联活化、亚氨基二乙酸修饰、金属离子(Cu^{2+}、Fe^{2+}、Zn^{2+}、Ni^{2+}螯合制得亲和吸附剂,研究螯合了不同金属离子的吸附剂对牛血清白蛋白的吸附性能,计算得到分别螯合了 Cu^{2+}、Fe^{2+}、Zn^{2+}、Ni^{2+}的吸附剂对牛血清白蛋白最大理论吸附量分别为 61.94、121.58、99.34、70.32 mg/g。

纤维素基吸附材料对金属离子的吸附是其应用的重点和热点。除了上述金属离子之外,纤维素基吸附材料对 Co^{2+}、Fe^{2+}、Al^{3+}、Ca^{2+}等也有很好的吸附效果。

（二）纤维素基吸油材料

天然纤维素在性能上存在着某些缺陷,如不耐化学腐蚀、强度低等,通过化学改性可获得具有特殊性能的纤维素材料。将纤维素与烯烃进行反应可制得高吸油材料,该材料既具有纤维素的可生物降解性,又具有长链烯烃的高吸油性能,从而解决了一般吸油材料难于生物降解的问题。

Fanta 等认为,农产品和农业废弃物(如棉、稻壳、玉米芯、蔗渣纤维)均可用于吸油材料的制备。Hussein 等研究了低级棉对海面溢油中重油的吸附性能；研究发现,棉纤维对重油的吸附倍率最高为 22.5 g/g,可循环使用 3 ~ 5 次。王锦涛等以过氧化苯甲酰为引发剂,制备了木棉纤维接枝聚苯乙烯吸油材料；结果表明,该吸油材料具有快速吸油能力,在 15 min 内可达吸附平衡,同时具有良好的可重复利用性,在适当的条件下对氯仿和甲苯的最大吸油倍率分别达到了 65.4 g/g 和 43.2 g/g。

（三）纤维素基有机物吸附材料

染料废水中有机物含量高、成分复杂、颜色深、水质变化大,是国内外公认的难治理工业废水之一,其存在的污染风险是印刷行业亟待解决的环保问题。近年来的研究结果表明,纤维素基吸附材料在处理染料废水方面具有良好的效果。党子建等对菠萝皮渣中的纤维素进行醚化和胺化改性,以制备纤维素基染料吸附剂；结果表明,改性菠萝皮渣纤维素对染料具有显著的吸附作用。王敏敏[30]以纤维素(或纤维素衍生物)、有机蒙脱土为原料,研究了 2 种自制吸附材料对有机染料的吸附性能；结果表明,纤维素/有机蒙脱土复合吸附剂对刚果红的吸附量可达 100.76 mg/g,羧甲基纤维素/有机蒙脱土纳米复合吸附剂对亚甲基蓝的吸附量可达 611.25 mg/g。

纤维素也可以制备成优良的膜材料,以用于蛋白质的吸附和分离提纯过程中。Carlos 等利用 SiO_2 和纤维素制得复合吸附材料,研究其对大豆蛋白的吸附作用；结果表明,该吸附材料对大豆蛋白的吸附效果良好。Anirudhan 等利用 Fe_3O_4、2-甲基丙烯酸、乙烯磺酸等对木屑纤维素进行聚合改性,制得一种新型纳米纤维素基吸附材料,研究了其对肌蛋白的吸附作用；结果表明,该吸附材料中磺酸基上的 S 原子可提供电子对,与肌蛋白络合,从而达到吸附目的。

除染料、蛋白质之外,纤维素基吸附材料对苯胺类、酚类、芳香族等有机物也表现出良好的吸附效果。武荣兰等采用原子转移自由基聚合法(ATRP),以纤维素为原料、甲基丙烯酸甲酯(MMA)为单体、2-溴异丁酰溴为酰化试剂、离子液体为反应介质,制得纤维素基共聚物,考察了其对2,4-二氯酚的吸附性能;结果表明,纤维素基共聚物的吸附以化学吸附为主,其对2,4-二氯酚的静态吸附量可达237 mg/g。姚士芹等以3-氯-2-羟丙基三甲基氯化铵(CTA)为醚化剂,对棉纤维进行改性制得季铵型阳离子纤维素(QACC),研究了QACC对含磺酸基、羧基、羟基的水溶性芳香族有机污染物的吸附性能;结果表明,QACC对水溶性芳香族有机污染物吸附容量大,吸附机理以化学吸附为主,物理吸附并存,且QACC经NaOH洗脱后可重复利用。

(四)纤维素基吸水材料

高吸水材料具有三维网络结构,吸水、保水和生物相容等性能良好,被广泛应用于生物、医学、化妆品和农业等领域。以纤维素为原料的高吸水材料可生物降解,符合绿色化学理念。通常,纤维素基高吸水材料采用酯化、醚化、交联、接枝共聚等方法制备。

李仲谨等利用纤维素接枝丙烯酸、丙烯酰胺、丙烯腈等单体制得高吸水性树脂,该树脂可应用于卫生用品、农林园艺、土木建筑、沙漠改良、石油化工、医药、食品、包装等领域。绒毛浆作为一次性卫生用品的吸收性材料,需求量不断上升。徐永建等对马尾松绒毛浆的吸水性能进行研究,并制得符合国家优等品要求的吸水材料,可与进口绒毛浆相媲美。高桂林以漂白硫酸盐桉木浆为原料制备高吸水性树脂,并确定了桉木浆纤维素与丙烯酸及其钠盐接枝共聚的最佳工艺条件,吸水性树脂吸水和吸生理盐水的倍率分别为1126 g/g和145 g/g。Wu等以亚麻纱线废物为原料制得一种低成本、环保型纤维素基高吸水材料,其对蒸馏水、天然雨水、生理盐水的吸液倍率分别为:875、490、90 g/g。Dhar等采用反相微乳液技术,用改性的甲基纤维素制备了同样具有pH值感应和温敏性的两性聚电解质微粒凝胶;体外释药研究证实,这种微粒凝胶的生物相容性和可生物降解性好、响应速度快,适合作为药物载体。

三、纤维素基吸附材料应用展望

与传统吸附材料相比,纤维素基吸附材料具有不可比拟的优点,如价廉易得、易生物降解、环境友好性等。可采用N-甲基吗啉-N-氧化物(NMMO)、离子液体等溶剂对纤维原料进行预处理,此类预处理属于物理改性。由于NMMO、离子液体等溶剂可回收再利用,采用NMMO、离子液体等溶剂对纤维原料进行预处理后,再对其进行改性,不仅没有提高生产成本,反而能增强纤维素基吸附材料的吸附性能。纤维素基吸附材料有可能会取代活性炭及其他离子交换树脂,成为一种环保、绿色的吸附性材料。目前,纤维素基吸附材料作为一种新型功能性高聚物,已在一次性卫生用品、农林园艺、土木建筑、沙漠改良、石油化工、医药、食品、包装等领域得到广泛应用。因此,作为优良的吸附材料，纤维素基产品具有良好的应用前景。

第四节　改性/新型氟吸附材料

按照金属基吸附剂、碳基吸附剂、黏土矿物类吸附剂、高分子生物类吸附剂、工业副产物或废弃物、纳米材料、陶粒等吸附剂类型，全面综述了近些年来国内外在含氟水吸附处理中吸附材料的研究开发与应用现状。着重介绍了传统吸附材料的改性和一些新型吸附材料的合成、吸附性能和机理，并对今后氟吸附材料的发展方向进行了展望。

氟作为地壳中较为丰富的微量元素之一，广泛分布在自然界，在地壳中的含量为 625 mg/kg。氟与人体健康密切相关，是人体必需的微量元素之一，适量的氟能坚固人体骨骼、预防龋齿，但人体长期摄入过量的氟不仅会引起氟斑牙和氟骨症等疾病，还会对人体的免疫系统、肾脏、胃肠道等产生不利影响，甚至会增加患癌症的概率，如膀胱癌、子宫癌、结肠癌等。

地方性氟中毒是氟的慢性中毒性疾病，在我国分布较广。我国氟中毒病区可分为三大类型，即：饮水型、生活用煤烟污染型和天然食物型，其中饮水型最多。我国高氟地下水除上海市外的 29 个省（自治区、直辖市）均有分布，主要集中在华北、东北、西北地区。水中氟的来源有自然因素也有人为因素，当地下水流经富氟岩矿，经过长年的理化作用，氟由固态迁移至地下水。一般地下水中氟质量浓度都不大于 1.0 mg/L，但由于地理、环境、地质构造等因素的影响，使中国部分地区特别是矿区的地下水含氟超标。另外，玻璃陶瓷业、半导体制造业、电镀、炼铝厂、砖厂、钢铁厂、火力发电厂等工业生产活动排放的高含氟废水，使大量可溶性和不可溶性含氟废水进入地下水中，造成水体氟污染。对此，我国严格限制水体中氟离子质量浓度,《生活饮用水卫生标准》（GB 5749—2006）规定饮用水中氟化物质量浓度上限为 1.0 mg/L;《中华人民共和国污水综合排放标准》（GB 8978—1996）规定工业废水的最高允许排放质量浓度为 10 mg/L。

目前，常用的除氟方法有混凝沉淀法、吸附法、膜分离法、电渗析法、电凝聚法、离子交换树脂法等。其中吸附法因其工艺简单、操作方便、成本低廉、除氟效果稳定、选择性高、二次污染小、吸附剂可重复利用等优点，是含氟水处理研究与应用最多的一种方法。吸附法除氟的关键在于吸附材料的开发，传统的吸附剂有活性氧化铝、骨炭、沸石和其他黏土矿物等。活性氧化铝除氟效果较好，但成本偏高，且面临 Al^{3+} 溶出的风险；沸石等黏土类矿物吸附剂虽然价格低、来源广，但除氟效果并不理想。因此，对传统吸附剂进行有效改性和开发新型高效的氟吸附剂，是目前除氟材料的研究热点。文章重点介绍近年来国内外研究开发的改性、新型吸附材料，并对今后除氟吸附材料的发展方向做出展望。

一、除氟材料

（一）金属基吸附剂

该类吸附剂主要是铝、镁、铁和钙的氧化物或氢氧化物，主要吸附机理是配位交换。通常在水溶液中，吸附剂表面金属阳离子会结合一些阴离子，如 OH^-，而 F–会与这些阴离子发生置换，并与金属阳离子产生更强的共价化学键，在吸附剂表面形成配位化合物。同时该类吸附剂的零电点 pHpzc 通常大于 7，在中性水体中其表面带正电荷，有利于对带负电的 F–产生静电吸引。如 $\alpha-Al_2O_3$ 的 pHpzc 为 9.2、β–FeOOH 的 pHpzc 为 7.2。因此，金属基吸附剂有较高的除氟效率，并且少量的金属氧化物或氢氧化物就能达到良好的除氟效果，故也常用作改性材料来提高其他除氟材料的除氟性能。

活性氧化铝是目前被广泛应用与研究的吸附材料，其机械强度高、易获取、比表面积较大，在偏酸性环境中（pH 为 5.5 ~ 7）除氟效果好，吸附容量一般为 0.8 ~ 2.0 mg/g。J.Kang 等将 MgO 与支链淀粉一起煅烧得到一种新型吸附剂，氟吸附量为 4537mg/kg，除氟机理主要为静电吸引和氢键结合。铁的氧化物/氢氧化物对 F–有较高的亲和性，吸附性能优良，因此也被广泛研究，如水合氧化铁、活性氢氧化铁、针铁矿（α–FeOOH）、赤铁矿（$\alpha-Fe_2O_3$）、水铁矿（$Fe_5HO_8\cdot4H_2O$）等。M.G.S.S.Anand 等制备了无定形氢氧化铁，在 pH=4 时得到最大氟吸附量为 35.44 mg/g；主要除氟机理是 F^- 与 OH^- 交换，在吸附剂表面形成 FeF_3 络合物。

羟基磷灰石（HAP）是一种用于除氟的含钙矿物材料，化学式为 $Ca_{10}(PO_4)6(OH)_2$。HAP 晶体结构中的 OH^- 半径与 F^- 半径相似，可与其晶格上的 OH–交换。吸附后的 HAP 变成氟磷灰石相，不易脱附，吸附量大且无二次污染，是一种新型环境功能材料。合成 HAP 的方法不同，其晶体结构也会有差别，对 F–的吸附效果也不同。江声等用化学沉淀法和溶胶–凝胶法两种工艺制备的 HAP，分别呈圆片状和棒状，氟吸附量分别为 1.99 mg/g 和 1.75 mg/g。刘成等制备的粉状 HAP 和球状磷灰石对徐州地下水中 F–的去除容量分别为 15.3 mg/g 和 6.8 mg/g，粉状和球状羟基磷灰石组合的工艺可将地下水中的 F–降低至 0.8 ~ 0.9 mg/L；该工艺已应用于河南省周口市沈丘县的 6 个乡镇水厂，除氟效果稳定，处理水水质较安全。

层状双金属氢氧化物（LDHs）是一类具有主体氢氧化物层板、客体阴离子柱撑的无机功能材料，其结构与水镁石结构类似，包括水滑石（HT）与类水滑石（HTLCs）。LDHs 作为一种阴离子型层状化合物，除具有碱性、酸性等基本性质外，还具有阴离子可交换性、热稳定性、粒径可调控性等特有性质。内层阴离子可交换的原因是不同阴离子有不同的选择度，一价阴离子的选择度为 $I^- < NO^{3-} < Br^- < Cl^- < F^- < OH^-$。LDHs 经焙烧后得到的复合金属氧化物也是重要的吸附剂，可通过吸附水中的阴离子恢复层状结构，即所谓的“记忆”功能。D.Kang 等研究了 Mg/Fe 双金属氢氧化物共除氟砷的性能和机理，该吸附剂具有“记忆效应”，即通过吸附氟和砷重建原本的层状结构；其吸附机理包括表面吸附和离子交换作用。

稀土金属吸附剂虽然对氟有较高的选择性，但其价格昂贵、成本高，目前一般将稀土金属与廉价金属混合或将稀土金属负载到支撑材料上制备吸附剂来降低成本、同时提高吸附量。

（二）碳基吸附剂

碳基吸附材料种类繁多，包括木炭、骨炭、褐煤、烟煤、焦粉、石墨、活性炭和活性炭纤维等材料。据 I.Abe 等的研究，几种碳基吸附剂的除氟能力：骨炭＞煤炭＞木炭＞炭黑＞石油焦炭。A.Sivasamy 等比较了褐煤、焦粉、烟煤的除氟能力，烟煤吸附较快，60 min 可达到吸附平衡，褐煤和焦粉则分别为 150 min 和 90min；褐煤在 pH 为 6 ~ 12 时有较高的除氟率，烟煤和焦粉则在酸性环境中除氟效果较好；褐煤、焦粉、烟煤的氟吸附容量分别为 7.09、6.90、7.44 mg/g。H.Jin 等用氧化铝改性膨胀石墨复合材料，在石墨表面形成了无定形纳米氧化铝，在溶液 pH 为 3.0 ~ 7.0 时，水合氧化铝表面质子化，其表面大量的 OH^- 可与 F^- 发生配位交换，从而将氟去除。

骨炭是由动物骨骼经高温炭化后形成，主要成分是 HAP，骨炭吸附氟主要是由于其含有 HAP，且吸附不易受水中各种共存阴离子的影响。

活性炭具有高比表面积（500 ~ 1 500 m^2/g）和高度发达的内部孔隙，具有价格低廉和易获取等优点，是一类重要的吸附剂〔5〕。但活性炭对阴离子的吸附能力较差，因为其具有较低的零电点（pHpzc 为 1.6 ~ 3.5）。近些年来，有学者利用农林废弃物制备活性炭除氟取得了较好的效果。A.A.Daifullah 等分别在 550、650、750℃下蒸汽热解稻秸制备活性炭，并用液相氧化剂 HNO_3、H_2O_2、$KMnO_4$ 进行改性，比较后发现经 $KMnO_4$ 改性，650℃下制备的稻秸活性炭（$RS_2/KMnO_4$）展现出最大氟吸附容量，其吸附除氟机理为离子交换和表面络合作用，遵循 Langmuir–Freundlich 等温吸附模型，且低温有利于吸附，3 h 达到吸附平衡，在 pH=2 时得到最大吸附量 15.9mg/g。

（三）黏土矿物类吸附剂

沸石是一种含水的格架状的硅铝酸盐矿物，主要含有 Na、Ca 及少量 Sr、Ba、K、Mg 等金属离子，其晶格内部有许多空穴和通道，具有巨大的比表面积（400 ~ 800 m^2/g）。作为沸石主要成分之一的氧化铝，其水解与铝盐相似，铝盐水解和铝胶体带正电性，有利于吸附电负性极强的 F^-。王云波等比较了沸石、骨炭、活性氧化铝的除氟效果，指出沸石的吸附容量虽然低于骨炭及活性氧化铝，但随着再生次数的增加，骨炭和活性氧化铝的吸附容量明显降低，而沸石的吸附容量反而随着再生次数增加而增加，从第一次的 0.042 mg/g 增加到第五次的 0.118 mg/g。天然沸石具有多孔性、筛分性、离子交换性、耐酸性及对水的强结合性等特性，但其孔道常被沸石水及其他杂质堵塞，自然状态下吸附能力很低。通常对天然沸石进行酸碱处理或高温焙烧，可去除孔中水分及杂质，增强沸石吸附性能。陈文等用锆对沸石进行改性，改性后的沸石吸附氟容量大于原沸石吸附容量，处理水质均能达到国家相应标准。

膨润土又名班脱岩或膨土岩，是一种矿物成分以蒙脱石为主的黏土岩。蒙脱石是一种含水的层状铝硅酸盐矿物，具有吸附性、离子可交换性及膨胀性。S.P.Kamble 等用镧、镁和锰分别对膨润土进行改性，并用于除氟实验，发现 10%镧-膨润土除氟能力要高于镁、锰改性膨润土。王雪征等以膨润土为原料、丙烯酰胺为单体合成复合膨润土，通过表征分析证明了丙烯酰胺在膨润土中发生了插层聚合，并与膨润土形成均一复合物，膨润土质量分数为 90%的复合膨润土对 F-吸附性能最优。

另外，高岭土、铝土矿、红土、菱铁矿、蒙脱石、凹凸棒土等改性后也被用于吸附除氟。天然矿物来源丰富、价格低廉、比表面积大、表面及结构多样，具有可再生性、化学及机械稳定性、良好的吸附性及离子交换性能，是一类实用有效的吸附剂，但自然状态下吸附除氟能力低，需要对其改性来获得较高的吸附容量。

（四）高分子生物类吸附剂

甲壳素和壳聚糖衍生物由于其廉价易得，分子中含有大量的—OH 和—NH_2活性官能团，能够吸附去除水中多种污染物。壳聚糖是一种来源广泛、无毒、易降解、廉价易得的生物吸附剂，是甲壳素在碱性条件下部分脱乙酰基后的衍生物。壳聚糖分子中含有大量可质子化的氨基，可以通过静电引力吸附 F^-，但由于存在机械强度小、易流失和吸附容量过低等缺点，未改性的壳聚糖不适宜直接作为饮用水的除氟剂。采用交联、羧甲基化、螯合过渡金属元素、螯合稀土元素及与无机材料共混等方法对壳聚糖实施改性后，可将不同性质的官能团引入壳聚糖分子中，强化 F-的吸附效果。D.Thakre 等用鸡蛋壳、明矾和甲壳素制备的复合吸附剂除氟，最大氟吸附量为 30.3 mg/g，在 pH 为 5.0～9.0 范围内除氟效果较好。纤维素作为一种丰富且可再生的生物高聚物，含有大量的羟基，可通过化学改性的方法负载化学官能团或金属离子制备成除氟剂。

生物吸附剂来源丰富、价格低廉、比表面积大、分子含有大量官能团以及具有生物可降解性等特点，是一类环境友好型吸附剂，但是受其表面带负电荷影响，除氟能力有限，可通过表面改性等手段提高其吸附氟性能。

（五）工业副产物或废弃物

赤泥是制铝工业提取氧化铝时排出的污染性废渣，含有铁、铝、硅、钛及其氧化物等活性组分，可以作为吸附材料去除水中污染物。原状赤泥呈碱性，在较高 pH 下会发生 OH^- 与 F^- 的竞争吸附。因此，使用赤泥除氟前需通过高温煅烧提高其强度，并使用盐酸进行活化。高温条件下，焙烧的物质先后失去表面水和结构骨架中的结合水，从而减小了水膜对离子的吸附阻力，改变物质的吸附性能。W.Liang 等指出酸化处理后的赤泥吸附性能提高，可从两个方面进行解释：其一，酸处理使赤泥中的矿物相分解，因此铁、铝氧化物或氢氧化物有效吸附位点数量增多，从而增加吸附 F^- 的途径；其二，酸化处理使赤泥中的表面吸附位点质子化，有利于 F^- 替换 OH^-。

粉煤灰是以煤为燃料的火力发电厂排出的固体废弃物，主要成分是 SiO_2 和 Al^2O_3，并含少量的 CaO 和 Fe_2O_3。杨磊等开发了经酸处理再负载铈元素改性的稀土粉煤灰吸附剂，经表征分析，粉煤灰颗粒表面出现了许多小空洞，比表面积增大。M.Islam 等对炼钢工业产生的炉渣（BOFs）进行吸附除氟研究，将 BOFs 在 1 000℃下热活化 24 h 后，其孔隙率和比表面积明显增加，除氟率也从未热活化的 70%增加到 93%（初始氟质量浓度为 10 mg/L，吸附剂质量浓度为 5 g/L），随着 pH 从 2 增加到 10，氟吸附量也呈现增加的趋势，原因是炉渣中的 CaO 在碱性环境下转变为 $Ca(OH)_2$，部分 $Ca(OH)_2$ 进入液相与 F-反应形成 CaF_2 沉淀；另外，化学吸附和离子交换对热活化炉渣吸附除氟也有贡献。

（六）纳米材料吸附剂

纳米材料指尺寸大小为 1～100 nm 的物质材料，其表面原子周围缺少相邻的原子，具有不饱和性，易与其他原子相结合而稳定下来，因而纳米粒子具有很高的化学活性和很强的吸附能力，且吸附容量大，吸附速率快，在短时间内可达到吸附平衡，因此纳米吸附剂越来越受到研究学者的关注。

碳纳米管是石墨六角网平面（石墨烯片）卷成无缝筒状时形成无缺陷的“单层”管状物质或将其包裹在内，层层套叠而成的“多层”管状物质。王曙光等〔33〕采用碳纳米管和硝酸铝制备了碳纳米管负载氧化铝新型除氟材料，并用于水中 F-的吸附研究；结果表明，氧化铝负载量为 30%、焙烧温度为 450℃条件下制备的碳纳米管负载氧化铝复合材料的吸附除氟能力是 γ-Al2O3 的 2.0 ~ 3.5 倍，适宜 pH 范围为 5.0 ~ 9.0。纳米 TiO_2、纳米 CaO 等纳米金属氧化物去除水中 F-时，也展现出良好的吸附性能。由于尺寸小，水中的纳米粒子不易被分离出来，而含有铁、镍、钴等磁性元素的纳米材料可以通过高梯度磁分离技术很容易实现固液分离，利用这一特性许多学者在纳米材料中加入磁性 Fe_3O_4 制备磁性纳米复合材料除氟剂。C.Zhang 等利用共沉淀法将 Fe-Ti 双金属氧化物包覆在超顺磁 Fe_3O_4 颗粒表面，形成了以直径 10 ~ 20 nm 的磁性 Fe_3O_4 为核心，厚度为几纳米的无定形吸附剂为外壳的磁性核-壳复合物纳米吸附剂；该吸附剂的吸附等温线符合 Langmuir 等温模型，饱和吸附量可达 57.22 mg/g，且吸附快速，2 min 内能达到吸附平衡；在外加磁场的作用下，3 min 内 99%以上的复合吸附剂能够被分离。

纳米材料作为吸附剂具有以下优点：超强的吸附能力、较宽的 pH 适用范围、高选择性、吸附速率快和吸附剂用量少。但是，纳米吸附剂再生困难，且吸附后水中的纳米粒子较难分离。此外，纳米材料具有纳米毒性，纳米粒子可通过皮肤接触、吸入和摄入进入人体，可通过血液迁移到人体器官，如心脏、大脑、肝脏、肾脏、脾脏、骨髓等处，并影响神经系统。

（七）陶粒

陶粒是一种人造轻集料，具有坚硬外壳，表面呈现陶质或釉质，内部有封闭型微孔，呈现细密蜂窝状。陶粒具有密度小、质轻、综合强度高、耐酸碱腐蚀、保温隔热等优点，可广泛应用于建材、园艺、化工、环保等诸多领域。生产陶粒的原料廉价易得，来源广泛；陶粒作为滤料时不易堵塞、易于固液分离；且陶粒多孔、质轻、强度高、化学性质稳定，具有良好的吸附性，上述优点使得陶粒作为吸附剂广泛应用于水处理领域。N.Chen 等将鹿沼土、淀粉、沸石和 $FeSO_4 \cdot 7H_2O$ 按比例混合，烧结成直径为 2 ~ 3 mm 的陶粒，用于吸附除氟研究，取得了良好的效果。试验结果显示，此陶粒吸附氟适宜 pH 为 5 ~ 8，吸附过程符合伪二级动力学，吸附等温线符合 Freundlich 吸附模型；主要机理为 $FeSO_4 \cdot 7H_2O$ 在焙烧的过程中转变为 Fe_2O_3，Fe_2O_3 在水中生成水合氧化铁，与 F-发生络合反应。

二、除氟机理分析

除氟机理主要有：范德华力、离子交换、氢键作用、配位交换和吸附剂表面化学修饰。

范德华力属于物理吸附，是作用于两个原子之间的短程力。离子交换是指以离子键结合在表面的原子与溶质离子发生交换。N.A.Medellin-Castillo 等］在研究骨炭对氟的吸附时指出，吸附机理为 HAP 中的 PO_4^{3-}与溶液中的 F^-交换，F^-进入吸附剂表面，而 PO_4^{3-}释放到溶液中。固体表面往往存在含氢原子的极性官能团，如羟基（—OH）、羧基（—COOH）、氨基（$—NH_2$）、磺酸基（$—SO_3H$）等。这些表面官能团上的氢原子与吸附分子中电负性大的原子如氧、硫、氟、氮、氯的孤对电子发生作用，形成键角约为 180° 的氢键。J.Kang 等制备的 MgO 与支链淀粉复合物主要通过氢键作用吸附氟。在配位交换中，被吸附离子如 F-，与吸附剂中的金属阳离子形成共价化学键，并释放先前与金属离子成键的其他离子，如 OH-。在无定形氢氧化铁、氧化铝改性膨胀石墨复合材料上发生的氟吸附可用配位交换机理解释。对于一些反应活性较低或者表面具有负电荷的吸附剂，通常将带正电荷的金属离子如 Al^{3+}、La^{3+}、Zr^{4+}、Fe^{3+}和 Ce^{3+}浸渍或者覆盖到吸附剂表面，使吸附剂表面带有正电荷；被修饰了的吸附剂由于表面带正电，能够通过静电引力吸引 F^-，并提供与 F^-发生化学反应的吸附位点。这些金属阳离子对吸附剂吸附氟离子起到桥梁的作用。

吸附法因其操作运行简单、成本低、效果好而具有广泛的应用，但目前面临吸附剂容量小、应用环境受限、再生困难等问题，因此开发出高效安全、成本低、适应环境范围广、易再生的吸附剂尤为迫切。

（1）虽然金属氧化物或氢氧化物吸附剂具有较好的除氟效果，但易溶出金属离子，可能对人体造成危害。如活性氧化铝会释放 Al^{3+}，对人体神经系统产生一定的危害；稀土金属释放出的稀土金属离子，如 La^{3+}、Ce^{3+}等的生物毒性尚不明朗。因此，今后吸附剂的开发和利用应增加毒性分析，评价其环境友好性，减少对人体健康产生的负面影响。

（2）黏土、工业副产物或废弃物以及生物吸附剂的来源广泛、价格低廉，但吸附容量不高、效率低，应注重对这些材料的改性和制备方法研究，以提高吸附性能降低吸附成本。

（3）多数吸附剂均为粉末状，如纳米吸附剂，吸附性能虽好，但会造成后续分离困难；另外，一些吸附剂适用 pH 范围有局限性；吸附效果易受到水中其他共存离子的影响；吸附剂循环使用周期短，导致成本增加和环境污染。因此，材料开发的过程中应扩展其环境适用范围、提高吸附剂的离子选择性和再生能力，增强使用效率。

（4）吸附剂种类繁多，但吸附剂的吸附机理研究并不够深入，理论上没有较大突破。因此，开发新型高效的吸附剂，深入研究吸附机理，将对氟吸附剂产业的发展具有重要意义。

第五节　二氧化碳吸附材料

CO_2是导致温室效应的主要气体，减少其排放是遏制全球气候变暖的关键，CO_2

的捕集与封存对于缓解温室效应具有重要意义；而捕集与封存的关键是寻求高吸附量、高选择性、热稳定性好且循环性能良好的吸附剂。近些年来一些多孔材料如活性炭、沸石分子筛、金属有机骨架材料被广泛应用于 CO_2 吸附。本文介绍了 CO_2 捕集方法及各种多孔材料的 CO_2 吸附性能，重点介绍了密胺基微孔有机聚合物（MBMPs）。MBMPs 由于其具有较高的比表面积、合成方法多样、容易功能化修饰等优点，在气体的存储与分离方面具有广阔应用前景。

随着温室效应的日益加剧，控制温室气体的排放已经深入到人类政治经济生活中。CO_2 是最大的温室气体，但同时也是一种珍贵的碳资源，因此 CO_2 的捕集和封存(CCS)无论对于环境保护还是碳资源的综合利用都有重要意义。火力发电厂是最重要的 CO_2 排放源，占总排放量的 30%以上。随着页岩气开发的大幅度增加，天然气在能源结构中的比重将不断增长。天然气中除主要成分 CH4(80% ~ 95%)外，还含有 CO_2、N_2 等气体，CH_4 中 CO_2 的捕集和移除对于天然气大规模开发应用也具有重要意义。

一、CO2 捕集方法

液态胺基溶液变温吸收法是目前捕集回收 CO_2 的主要方法，但该方法存在一些弊端如：胺基溶液易腐蚀吸收设备、吸收剂再生过程中溶剂易挥发、再生过程能耗大等。膜分离是气体分离的常用技术，虽然一些膜在高压力下对高浓度 CO_2 表现出良好的分离性能，但对于混合气中稀浓度 CO_2 气体的分离则需要很高的压力，而导致高能耗。此外，膜的稳定性、膜通量及膜放大也制约了其应用。

低温分离法是利用混合气体中各个组分的挥发度不同，对含有 CO_2 的混合气体进行低温冷凝和多次冷却、压缩，使 CO_2 气体变为液态或者固态，从而达到分离的效果。但低温分离法所需要的实验装置较复杂，能耗较高，且该方法由于各个组分的相变特征不同可能会造成 CO_2 发生相变，传统的低温分离技术一般只适用于油田开采。Xu 等人[8]设计的新型低温分离 CO_2 技术，克服了传统低温分离技术的许多缺点，能实现低能耗的分离 CO_2 气体。

吸附分离法采用固体吸附剂通过变压吸附(PSA)或变温吸附(TSA)对 CO_2 进行捕集和分离可克服设备腐蚀问题，而且能耗大幅度降低，是常用的气体分离方法。常见的物理吸附剂有：活性炭、沸石分子筛、改性的多孔材料[18][19]等。

二、CO2 吸附材料

（一）活性炭

活性炭比表面积大、孔容大，对二氧化碳吸附容量高，是一种有前景的吸附剂。Martin–Martinez 等认为在 273 K 时，当活性炭孔径是一个 CO_2 分子直径(0.33 nm)时，CO_2 的吸附机理是微孔填充；孔径是一个 CO_2 分子尺寸时，吸附机理是表面覆盖。研究表明，影响 CO_2 吸附性能的主要因素是活性炭的孔隙结构和表面化学官能团。Guo 等制备出 PEI/AC、K_2CO_3/AC、PEI-K_2CO_3/AC，结果表明，PEI-K_2CO_3/AC 的 CO_2 吸附效果最好，高达 3.6 mmol/g，且其选择性增大、耐水性提高。未改性的活性炭对 CO_2 的吸附是物理吸附，高压下吸附量很高，但温度过高或 CO_2 分压低都会影响其吸附效果，且其耐水性差，不适用工业化应用。寻找更好的改性活性炭的方法，提高其在低分压下的吸附能力和选择性将成为以后的研究方向。

（二）沸石分子筛

沸石分子筛主要成分为 SiO_2 和 Al_2O_3，其比表面积大，孔径均一，含有大量微孔结构，孔径与普通分子接近，是优良的吸附剂。沸石分子筛对 CO_2 的吸附属于物理吸附，吸附量随温度的升高而快速下降。Su 等[22]用四乙烯五胺(TEPA)浸渍 Y 型沸石(Si/Al 摩尔比为 60)，然后用于 CO_2 吸附，结果发现改性后吸附剂对 CO_2 的吸附能力随着温度的增加表现出先增加后降低的趋势；经 20 次循环使用后吸附剂对 CO_2 的吸附能力没有明显降低，且再生性能良好。

（三）金属有机骨架材料

金属有机骨架(MOFs)材料是一类由金属离子(簇)和刚性有机分子配位连接形成的多孔结晶骨架网络。MOFs 材料除了具有可设计性和调节性，其比表面也较高，孔容和孔隙率也较大，密度较大，这些物理化学性质上的优势使得 MOFs 材料对于传统的多孔材料在 CO_2 吸附分离过程中表现出明显优势。由于超高的比表面积(可高达 5000 m2/g)和孔容(可达 2 cm3/g)，MOFs 材料显示了很高的 CO_2 吸附量，如 MOF-177 的 CO_2 吸附量可达 33.5 mmol/g(298 K,32 bar)，MIL-101(Cr)上的 CO_2 吸附量可达 40 mmol/g(298 K,50 bar)。基于金属中心空位和配体胺基功能化的 CO_2 吸附可提高 CO_2 吸附热，从而一定程度上提高 CO_2 吸附选择性。但基于金属中心空位的 CO_2 吸附容易受水分等影响，且吸附容量低，如 MOF-74-Mg 吸附量仅为 0.83 mmol/g(1 bar,298 K)。而胺基功能化的 MOFs(如 NH_2-MIL-53)，CO_2 吸附位数受胺基密度限制，其常压下的 CO_2 吸附量也不高。

（四）多孔有机聚合物

共价有机骨架材料是由有机构建单元通过共价键连接在一起，形成具有周期性结构的多孔骨架，骨架之间有很强的共价作用力，同 MOFs 材料对比，其热稳定性更好，在 500℃ ~ 600℃的空气气氛下可以稳定存在。同时，因为这类材料只有轻质元素组成，所以有较低的重量密度，孔隙结构非常发达，因此其在气体吸附分离与储存领域越来越受到关注。在高压下，多孔聚合物吸附 CO_2 的性能都较为优异，但 COFs 材料也有选择性不高和低压吸附量低的问题。基于以上问题，研究者们采取各种方法进行了改性。Zhou 等通过在 PPN-6 上嫁接磺酸基和磺酸锂，从而显著提高了 CO_2 的低压选择性，制备的 PPN-6-SO_3H 和 PPN-6-SO_3Li 在常温常压下的吸附量分别为 3.6、3.7 mmol/g，CO_2/N_2 的 IAST(理想溶液吸附理论)选择性分别是 155、414；随后制备出胺基修饰的共价有机骨架 PPN-6-CH_2DETA，该材料对空气中的 CO_2(体积分数约 4×10^{-4})的吸附量达到 1.04 mmol/g，吸附选择性高达 3.6×10^{10}。

一种与 MOFs 类似的多孔聚合物(Porous Organic Polymers,POPs)是由有机结构单元通过单聚或多聚以共价键联组装而成，其单体通常采用刚性有机结构单元以保持多孔结构，其结构单元组成均为轻元素(C、H、N、B 等)，因此 POPs 可称为“有机分子筛”。POPs 的比表面很高，可达 6400 m^2/g，且具有丰富的孔结构以及多样的官能团，由于这些可调的物理化学性质，POPs 在气体吸附、光电及催化等方面具有良好的应用前景。

作为 CO_2 吸附剂 POPs 显示了很高的吸附量。例如吉林大学贲腾及其合作者报道了一种苯环－碳四面体共价键连接的 POPs(PAF-1)，PAF 具有很高的比表面积(高达 5600 m2/g)，在 40 bar 和 298 K 下，CO_2 吸附量可达 29.55 mmol/g，即使在 1 bar 和 273 K 下，该材料 CO_2 吸附量仍有 3.48 mmol/g[33][34]。Zhou 课题组[35]报道了结构类似的苯环－硅四面体共价键连接的 PPN-4，其比表面积达到 6461 m2/g，是已知 POPs 材料中 CO_2 吸附量(达 38.9 mmol/g，50 bar、298 K)最高的。尽管上述 POPs 表现出很高的 CO_2 吸附量，但 CO_2 在 POPs 上的吸附热较低($<$20 kJ/mol)，低压(常压)下的吸附量不高，CO_2 吸附选择性有所降低。

Cooper 课题组对比研究了一些高比表面积 POPs 上的 CO_2 吸附，发现仅仅增加材料的比表面积并不能进一步提高 CO_2 吸附量(尤其在低 CO_2 分压下)，更有效的途径是提高 CO_2 在 POPs 上的等量吸附热[36]。Mohanty 等人成功合成了一种富电子的 POPs，显示出了较高的 CO_2 等量吸附热(34.0 k J/mol)，并具有较高的 CO_2 吸附量(2.68 mmol/g,1 bar、298 K)，并表现出良好的 CO_2 吸附选择性[37]。Zhou 课题组[38]在 PPN-6(PAF-1)中引入-S_3H 基团大幅提高了 CO_2 等量吸附热，并通过 Li 离子改性进一步提高了 CO_2 等量吸附热，显示了优异的 CO_2 吸附性能，在 295 K，0.15 bar 达到 1.23 mmol/g(5.4 wt%)，接近于 30%MEA 溶液的 CO_2 吸附量(~ 5.5 wt%)。后来，他们通过嫁接氨基到 PPN-6 上，实现了直接从空气中捕集 CO_2[39]。

虽然活性炭和沸石分子筛等此类吸附剂在常温下对 CO_2 具有较高的吸附量，但是当温度升高时吸附量急剧下降，且在有水环境中选择性较差，因此需要研发其它对 CO_2 具有良好吸附性能的吸附剂。密胺基多孔有机聚合物由于其合成方法简便、原料易得、且具有高吸附量和高选择性，受到了人们的广泛关注。

（五）密胺基微孔聚合物

密胺基微孔聚合物(Melamine Based Microporous Polymer,MBMPs)是以三聚氰胺(密胺)和苯甲醛同系物为原料，通过 Schiff 碱反应制得的具有微孔结构的多孔聚合物材料。由于 MBMPs 高胺基含量和丰富的微孔结构，显示了良好的 CO_2 吸附性能[40][41]。Xiao[42]课题组以三聚氰胺和苯二甲醛通过席夫碱缩合反应，合成了密胺基多孔有机聚合物。以体积法精确测量了不同温度下的 CO_2 和 N_2 吸附等温线，合成的 MBMPs 显示了良好的 CO_2 吸附性能，273 K 和 1.2 bar 下，CO2 吸附量可达 2.8 mmol/g。以双位 Langmuir 模型(DSL)和单位 Langmuir 模型(SSL)分别较好的拟合了 MBMPs 上的 CO_2 和 N_2 吸附平衡数据，以理想吸附溶液理论(IAST)预测的双组份气体吸附等温线表明，对于等摩尔 CO_2 和 N_2 气体，298 K 和 1 bar 下，CO_2 对 N_2 选择性可达 83.7。穿透柱技术研究了双组份混合气体 CO_2/N_2 在 MBMPs 上的动态吸附行为，表明在 MBMPs 上可实现 CO_2 和 N_2 的彻底分离。更重要的是，吸附饱和的 MBMPs 可以通过气体吹扫实现再生，而已经报道的胺基功能化材料吸附 CO_2 后常需要升高温度进行再生，这意味着 MBMPs 可作为一类变压吸附材料用于 CO_2/N_2 分离。随后他们课题组[43]又将 MBMPs 经过炭化后处理得到微孔炭材料，并从理论和实验两方面研究了 CO_2 的吸附分离性能。制备的微孔炭具有较高的 CO_2 吸附量，在 298 K、1 bar 下吸附量为 2.34 mmol/g；采用 DSL 模型很好地描述了在微孔炭上的吸附行为，等量吸附热在 32.5–24.5 kJ/mol 之间；应用 IAST 预测微孔炭上双组分气体的吸附行为，该材料显示了很好的吸附选择性。

将 MBMPs 加入到聚二甲基硅氧烷(PDMS)中，制备出一种混合基质膜，考察了不同的 MBMPs 含量对此膜分离 CO_2 混合气的影响。结果显示，加入 MBMPs 后提高了 PDMS 膜的分离性能；增加 MBMPs 含量，明显提高了混合基质膜的渗透系数，同时气体分离选择性先增大后又减小。该膜分离 CO_2/N_2 的选择性达到 19.2，突破了 Robeson 上限[44]。

由于 MBMPs 采用 DMSO 为溶剂在 180℃回流 3 d，合成条件苛刻，同时合成过程伴随有恶臭产生，如何在较温和的条件下合成密胺基聚合物具有重要的实际意义。通过进一步探索，Xiao 课题组又以三聚氰胺、间苯三酚和甲醛为原料通过水热缩聚反应制备了一种密胺酚醛纤维(PMF)，并且考察了原料比例、加水量以及温度对 PMF 的影响，结果表明 PMF 呈现纤维形貌。采用体积法测试了 PMF 的 CO_2 吸附性能，在 298 K、1 bar 时吸附量达到 1.3 mmol/g。穿透柱结果显示 PMF 分离 CO_2/N_2 混合气体时，CO_2 的穿透时间更长，说明可以实现 CO_2/N_2 混合气的分离。

多孔材料的比表面积、孔结构、表面性质、表面官能团对 CO_2 的吸附都有重要的影响，多孔材料的结构和组成的微小变化都能引起 CO_2 吸附量的改变。这就需要大量的实验去探究最佳的孔径条件、最佳孔径比等。为了取得更好的 CO_2 吸附捕集效果，一方面需要调控多孔材料的结构，提高多孔材料的机械性能，增大材料比表面积；另一方面是寻求更优的材料改性方案，制备出环境友好、机械强度高、能耗低、吸附效果好的CO_2吸附剂。

第六节　镁系功能吸附材料

镁系化合物是指含镁系列化合物,如氧化镁,氢氧化镁,碱式硫酸镁等。由于具有较高的活性、优异的吸附性能、较强的缓冲能力、以及基本无腐蚀性、对水环境破坏较小等特点,是一种绿色、安全、环境友好型水处理剂。另外一方面,盐湖卤水、海水以及含镁矿物中含有大量镁盐,来源广泛,制备成本低廉。因此,在环保领域具有广阔的应用前景,引起了国内外研究者的极大关注,开展了一系列的相关吸附研究工作,如脱除印染废水中染料,重金属离子,含磷、含铵化合物,以及工业排放物中的有机物等。最早采用镁系化合物处理废水和废气的国家是美国和日本,其在工业废水处理和烟气脱硫工艺上采用氢氧化镁进行处理并达到了良好的效果。镁盐主要有三大来源,分别是卤水、菱镁矿、白云石矿。我国是镁盐的资源大国,根据美国地质调查局(USGS)2015年公布的数据显示,全球已探明的菱镁矿资源量达120亿吨,储量24亿吨,其中中国5亿吨,占总量21%,仅次于俄罗斯(6.5亿吨,占总量27%)。中国含镁白云石矿也很丰富,现已探明储量40亿吨以上。其中探明的盐湖中卤水中氯化镁储量达到42.81亿吨,硫酸镁储量达到17.22亿吨。综上所述,中国拥有丰富的含镁无机盐(主要是氯化镁和硫酸镁)和含镁矿物,为开发镁系功能吸附材料提供了良好的前提条件。

镁系吸附材料(吸附主体)主要分为以下几种:

一、氧化镁

氧化镁作为吸附剂研究国内外研究由来已久。如前苏联专利介绍了用轻烧氧化镁去除废水中镍的工艺。专利报道:温度在80～85℃之间,镍/轻烧氧化镁质量比为58.8～73.5之间,去除率较高。片层花状氧化镁的制备及其吸附性能研究程文婷等以十六烷基三甲基溴化铵作为表面活性剂,氯化镁和尿素为反应物,采用层层自组装技术制备出具有片层花状结构的氧化镁。在此基础上,以含铅废水作为吸附对象,开展吸附重金属离子实验。实验结果表明:所制备的片层花状氧化镁样品经过表征,BET大于60m^2/g,热力学分析显示,制备的片层花状结构的氧化镁的吸附性能优异,饱和吸附量为320mg/g。吸附热力学分析吸附过程符合Langmuir等温吸附模型。复合氧化镁和其他吸附材料作为吸附剂也有报道,如侯少芹等以氧化镁和造纸草浆黑液为原料,采用物理活化法制得“氧化镁/活性炭”复合吸附材料,测定比表面积(BET)为388.96m^2/g、总孔容积为0.40ml/g。测定了这种复合吸附材料对水中Cr(VI)

的吸附性能,考察了吸附时间、pH 值、吸附剂投加量、初始浓度等因素对 Cr(VI)的吸附量和脱除率的影响,研究所得吸附水溶液中 Cr(VI)的最佳条件为:吸附时间为 120min,吸附剂投加量为 2g/L,pH 值为 2。“氧化镁/活性炭”复合吸附材料对 Cr(VI)的吸附过程符合 Freundlich 等温式。由于氧化镁的制备多需氢氧化镁等其他镁系化合物作为中间体,工业应用前景有限,因此,氧化镁作为吸附材料的研究相对较少。

二、氢氧化镁

由于氢氧化镁较易制备,且样品易分离,因此,许多研究者将其作为镁系吸附材料研究的首选。如美国伯克利地区的矿山废水中含 Pb^{2+}、Cu^{2+}等重金属离子,由于渗透,严重污染周边土壤,利用氢氧化镁作为处理剂,达到很好的效果。Scherzberg 等首先将氢氧化镁填充成过滤床,然后将含有铁铜镍等重金属离子废水穿过过滤床,在此基础上开展连续动态化吸附实验。实验表明:铜镍等重金属离子能较好被吸附在氢氧化镁表面,而对于二价铁离子的处理的优选方法应通过氧化反应将其转变成三价铁离子,从而有利于与氢氧化镁进行沉淀转换反应,较易转变成氢氧化铁沉淀。马艳飞等用氢氧化镁吸附含镉废水,分别考察了 pH 值,温度、搅拌时间对含镉废水吸附效果的影响,并对吸附过程的机理进行了解释。结果表明:在镉离子初始浓度低于 80 mg/l 时,热力学分析吸附等温线符合 Langmuir 模型,饱和吸附量为 26.02mg/g,动力学分析氢氧化镁吸附镉离子过程为一级反应,优化吸附条件,镉离子脱除率最高可达 99%以上。Haggins 等用氢氧化镁处理含多种污染物的工业废水,相比传统技术,处理后的废水中悬浮固体量(TSS)和化学需氧量(COD)指标降低一大半,而处理所需的絮凝剂和助沉剂用量下降约 50%,同时污染物沉降速率和脱水速率得到提高,从而降低了工厂的运行费用。XiaojunGuo 等[12]用氯化镁和氢氧化钠通过研磨法制备氢氧化镁粉末,在此基础上,通过变化溶液 pH,反应温度、吸附剂用量、初始钴离子浓度等条件,开展吸附钴离子实验。实验结果显示,吸附过程符合二阶动力学方程,吸附平衡模型符合 Langmuir 模型。318K 时,氢氧化镁粉末对钴离子饱和吸附量达到 125.00mg/g。郝建文等以氯化镁作为原料,利用沉淀法和水热法制备了片状和棒状纳米氢氧化镁开展吸附铅离子研究工作,通过实验研究发现:两种纳米氢氧化镁对铅离子的吸附机理以化学吸附为主。热力学上分析结果表明:二者的吸附过程都是自发进行的。片状和棒状纳米氢氧化镁对铅离子吸附分别符合 Langmuir 和 Temkin 等温吸附模型。吸附动力学分析表明:片状纳米氢氧化镁对铅离子的吸附动力学符合 Lagergren 二级吸附动力学模型,而氢氧化镁纳米棒对铅离子吸附动力学符合 Lagergren 二级动力学和内扩散模型。两者的吸附过程皆受膜扩散和颗粒内扩散步骤联合控制。

三、镁铝层状双氢氧化物

层状双氢氧化物(LDH)因其具有特殊的层状结构因而具有“记忆效应”,吸附杂质后的LDH经过焙烧后去除吸附物质后,经过一定的工艺处理后可以重生,即恢复原来的特殊层状结构和仍然保持较高的吸附特性,从而能重新吸收水和阴离子。因此,LDH在离子交换与吸附、催化、阻燃等诸多研究领域中得到了很好的应用。

宋勇等用共沉淀法合成了铝镁铁三元水滑石,利用水滑石对水溶液中Cr(Ⅵ)的吸附行为进行了分析。结果表明:制备的水滑石吸附剂吸附Cr(Ⅵ)的效果随温度的变化不明显;该类水滑石对Cr(Ⅵ)的吸附热力学行为符合Freundlich等温线;吸附动力学符合拟二级动力学模型,相关性系数为0.999;热力学分析结果表明该吸附过程是吸热反应。李燕等以Cr(Ⅵ)和对甲基苯酚混合物为污染物,用实验室模拟法研究了镁铝类水滑石对Cr(Ⅵ)的吸附行为。结果表明,在Cr(Ⅵ)/对甲基苯酚混合体系中,吸附动力学和热力学分别符合准二级动力学方程和LangInuir吸附等温式;溶液中共存的对甲基苯酚对Cr(Ⅵ)的吸附速率有负面影响,但其对Cr(Ⅵ)的吸附量有促进作用。Yujiang Li等用以氯化镁和氯化铝的混合溶液为原料,碱性环境下制备镁铝层状化合物,并对其进行XRD、TEM等表征。以活性艳红K-2BP为吸附对象,研究了对染料吸附性能。结果显示:饱和吸附量达到657.5mg/g,吸附等温线与Langmuir模型较一致,活性艳红K-2BP去除率达到93.8%~96.7%。

四、复合吸附剂

镁系处理剂虽然研究比较广泛,但是仍然存在如不能再过酸的环境下使用、吸附剂制备分离比较困难存在一些局限,因此,为了克服局限,同时结合其他吸附剂的优点,一些研究者将镁系材料和其他材料尤其是有机材料复合开展吸附研究。Seiram等用氧化镁与聚氨基葡萄糖复配得到复合吸附剂以吸附水中氟,效果不错。壮亚峰等制备氢氧化镁/壳聚糖、氢氧化镁/淀粉无机-有机复合吸附剂,并用来处理染料废水。实验发现,在废水中氢氧化镁首先与高分子化合物连接,然后吸附废水中的杂质,进而能产生絮凝作用,形成较大颗粒沉降到底部,即完成吸附-絮凝-沉降过程。结果显示:此种符合吸附剂对染料废水脱色率高达98%以上。

为了深度处理吸附后污染物,另外一些研究者将镁系吸附材料复合其他一些具有催化功能的无机材料构建吸附催化双功能材料处理吸附物。如刘朋杰等采用共混合法制备氧化镁基催化吸附剂,并进行红外光谱(FT-IR)、X射线衍射(XRD)等表征。以NO为吸附对象,利用该催化吸附剂对烟气进行脱硝实验,通过单因素实验,讨论了焙烧温度、焙烧时间和床层温度等工艺条件对脱硝率的影响。结果显示,焙烧温度350~500℃、焙烧时间3~4h,脱硝率可达85%~95%。高宇用氧化镁、硫酸镁、甜精粉为原料,通过先共混、灼烧方法制备出镁基吸附-催化双功能水处理剂;在此基础上,处理模拟实际烟气。结果显示,在 NO 含量 500 ~ 2000ppm 之间,制备的镁基吸附-催化剂脱氮率高达 85% ~ 95%,脱氮效果良好。再生实验结果显示,经过 6 次再生,镁基吸附-催化剂脱氮率仍可达到 85%以上,再生性能优异。表素珺等在锌盐与尿素的混合液中添加镁铝层状双氢氧化物,然后加热、沉淀、干燥、碳酸钠浸渍、煅烧,制备氧化锌/镁铝复合氧化物并进行 XRD、TEM、FTIR 等表征。以酸性红 G 为模型污染物,开展吸附-催化性能评价。相比未经碳酸钠氧化锌/镁铝复合氧化物,处理后的样品吸附催化实验结果显示:酸性红 G 的脱除率有所上升,光催化活性得到极大改进。

第六章　电磁污染控制材料

第一节　绿色建筑与电磁屏蔽材料

随着人类对工业化社会的反省和对后现代化社会的思考，人类寻求健康宜居的生存环境及追求社会可持续发展的欲望愈加强烈，绿色建筑成为当今热门话题。绿色建筑材料作为绿色建筑发展基石，是实现绿色建筑标准的核心和关键内容。系统地阐述了绿色建筑的内涵和绿色建筑材料的发展现状以及绿色建筑生态水泥材料、绿色建筑墙体砌筑材料、绿色建筑玻璃材料、绿色建筑屋顶材料、绿色建筑饰面涂料等绿色建筑材料的技术性能。同时阐述了人类宜居健康生活环境对于绿色建筑材料发展的需求，以及当今日益严重的电磁辐射污染对人类健康造成的侵害。重点论述了绿色建筑屏蔽材料的工作原理，提出了未来绿色建筑电磁屏蔽材料的发展策略，以及在绿色建筑电磁屏蔽生态水泥、绿色建筑电磁屏蔽墙体材料、绿色建筑电磁屏蔽门窗玻璃材料、绿色建筑电磁屏蔽屋顶饰面材料、绿色建筑电磁屏蔽饰面涂料等方面的实验研究成果，并对绿色建筑电磁屏蔽材料的研究进展和存在的主要问题进行了探讨。最后对绿色建筑电磁屏蔽材料的发展进行了预见和展望。

在人类诞生之初，人类的生活就依附自然、崇尚自然、学习自然，人们寻求安全、健康可持续的舒适生活。20 世纪 60 年代，美籍意大利建筑师保罗索勒瑞（PaolaSoleri）提出了绿色建筑这一影响当今社会建筑发展的新概念。随着国家绿色建筑产业结构的调整，逐渐形成了一种绿色发展战略趋势，降低环境污染、高效利用资源成为社会未来的主要发展方向。在大时代背景下，绿色建筑应运而生。新世纪以来，绿色建筑成为人们实现宜居健康生活的迫切需求。绿色建筑材料是绿色建筑建造和发展的基础，是实现绿色建筑的核心和关键内容。事实上，绿色建筑材料特指采用无污染生产技术，尽可能不使用天然不可再生的矿产能源和资源，最大限度地使用工业、农业或城市固态废弃物，来生产无毒、无公害、无污染、可循环利用的且有利于人类健康与生态环境保护的建筑材料。与传统建筑材料相比较，绿色建筑材料避免了传统建筑材料生产加工中对环境造成的严重污染，使用绿色建筑材料可以净化和修复环境，提高人类宜居生活水平。到目前为止，已经研发出一系列的绿色建筑材料，例如绿色生态水泥、绿色墙体、绿色玻璃、绿色屋顶、绿色涂料等，极大地改善了人类的生活环境和生活质量。

近年来，随着信息交流愈加高效频繁，电子信息技术迅猛发展，电磁波笼罩着人类生活，人们开始关注电磁辐射污染，关注着电磁波对人类健康造成的威胁。“世卫组织”已将电磁污染定义为第四大污染源。未来的绿色建筑材料应该也必须考虑是否能有效地抵御电磁辐射。通过将电磁屏蔽材料和绿色建筑材料进行结合，能有效抵抗、抵消，甚至完全消除电磁辐射对人体的危害。因此，电磁屏蔽材料结合绿色建筑材料，将把绿色建筑工程向前推进一大步，极大地满足人类日益增长的改善生活环境的需求。

本文介绍了绿色建筑中所使用的建筑材料及其功效，以及电磁屏蔽材料在未来绿色建筑材料中的应用，勾勒了电磁屏蔽材料在水泥、墙体、玻璃、屋顶和涂料等典型建筑材料中的应用前景。本文对于绿色建材发展有极大的促进作用，同时指出了未来绿色电磁屏蔽建筑材料的发展方向。

一、绿色建筑的内涵

人类生活要有适宜的生态建筑空间。众所周知，建筑的建造离不开建筑材料，绿色建筑材料可以说是绿色建筑构建和长足发展的灵魂。绿色建筑的内涵就是建立人与自然和谐、安全、健康的共生空间，以最小的能耗、高效的绿色建筑材料资源，最大限度地满足人类宜居、舒适、健康的生活需求。在绿色建筑的建造中，绿色建筑材料在建筑的全寿命周期中有着重要意义，绿色建筑材料在其使用过程中是无害的，具有净化环境、改善环境和保护环境的功能。国际住房与规划联合大会第 46 届大会提出：建材工业要服从生态环境保护和绿色建筑需求，建筑材料要有效控制环境污染和生态破坏，保障人类舒适、健康生活。绿色建材系统可以说是绿色建筑建造和不断发展的核心，它是绿色建筑赖以生存的支撑系统。绿色建筑材料具有净化环境、改善环境质量、抗辐射、防噪音、抗菌等性能，其使用过程中是无害的、可降解的、可持续的，能有力支撑绿色建筑实施建造。

二、绿色建筑材料研究现状

绿色建筑材料通常包括：绿色生态水泥、绿色墙体、生态透水砖、绿色玻璃、绿色屋顶、绿色涂料等。近年来，绿色建材发展迅速，图 3a 给出了 Web of Science 数据库中，建筑材料和当今绿色建筑材料的研究文献和应用专利。电磁屏蔽材料正在为人们所重视。针对建筑企业的调查可以得出，目前的绿色建筑材料局限于建筑节能、建筑环保等方面的研究和使用，对于绿色建筑电磁屏蔽材料的研究、生产和应用尚属探索阶段。应该指出，电磁屏蔽材料作为一种新兴的绿色建材，正在迅速崛起，随着人们对环保、健康生活的不断追求，绿色电磁屏蔽建筑材料必将全面走入人们的生活，改变人类生活，给人类带来无限生机与活力。

（一）绿色建筑生态水泥材料

建筑工程项目的具体施工建设中，水泥材料可以说是比较基本的建筑材料，传统水泥是由石灰石、砂岩、硅酸盐矿物铁粉以及一些矿渣原料，按一定配比磨成细细的粉末，加工而得。这些原料都来自自然环境，难免会对自然界产生破坏：传统水泥的生产、运输过程中，会产生粉尘污染；矿石的煅烧会产生二氧化硫有害氧化物污染；一氧化碳、二氧化碳会产生温室气体污染等。绿色生态水泥的研制成功，极大地缓解了传统水泥对环境的破坏和污染。绿色生态水泥是指利用火山灰及各种废弃物（如各种工业废料、废渣以及生活垃圾）作为原料制造的水泥。绿色生态水泥能够与环境相融，不会成为固体废弃物。绿色生态水泥与传统水泥相比，生产过程中二氧化碳的排放可减少 30%～40%，节能可达 25% 以上，使用后，绿色生态水泥与普通水泥的技术性能相当。绿色生态水泥可以有效缓解人类对于废弃物的处理负荷，节省资源、能源，实现绿色建筑所倡导的人与自然和谐共生的目标。

（二）绿色建筑墙体砌筑材料

绿色建筑墙体砌筑材料应具有高强、轻质、保温、隔热、隔音、防火、防水、防震、无毒、无害、无污染等技术性能。绿色建筑墙体砌筑材料生产利用工业废料，减轻了环境污染，节省了资源，经济实惠。绿色建筑墙体砌筑材料的使用，解决了传统墙体的厚重、隔音效果差、节能效果不足、浪费自然资源等诸多问题。绿色建筑墙体砌筑材料一般选用粉煤灰、矿渣灰和空心混凝土等原材料。其中，粉煤灰来源主要是工业企业的排放煤渣，经过简单的处理加工就可以有效利用，能够一定程度上减轻环境污染；矿渣灰是钢铁加工过程中的废弃物，借助生产过程中所产生的废弃物来制造建筑用砖，不仅节能环保，而且物美价廉，能够创造很大的经济效益。近几年建筑市场上出现的混凝土空心砌块，是一种良好的绿色建筑墙体砌筑材料，它主要是依靠粉煤灰石粉和水泥等原材料，加工制造而成。混凝土空心砌块在原材料的获取方面占有一定优势，且经济性好，隔音效果强，在绿色建筑建造中有着广泛的应用。目前研制开发的绿色建筑墙体材料产品种类很多。如新型陶瓷面板不仅外观优美，而且功能得到提升，通过建筑技术的更新外挂于建筑表皮，形成空腔，利于建筑通风换气，达到建筑呼吸表皮的功效。又如生态透水砖，它具有良好的透水性、透气性和保水性，具有降温、降噪、调节气候，提高空气质量，保持地表水循环等多项性能。生态透水砖的出现与有效使用，解决了地下水源回收的问题，为海绵生态城市建设提供了有利条件。

（三）绿色建筑玻璃材料

传统玻璃在目前提倡绿色建筑的时代面前有很多缺点：不隔音，不隔热，紫外线等有害光线的透射率高，寿命短，易破碎等。绿色建筑玻璃与传统玻璃相比，有着不可比拟的优越性，解决了传统玻璃在绿色建筑要求面前的诸多问题。绿色玻璃不仅仅满足了传统玻璃建筑的采光通道要求，而且由于其结构特征的改变，拥有了更多绿色建筑所要求的新功能—减轻环境负荷，节能，合理利用太阳能。目前，绿色建筑玻璃材料主要有提升室内环境舒适度、节能环保、降低寒冷地区的取暖费用、隔音降噪、防止结露等方面的性能。

（四）绿色建筑屋顶材料

建筑屋顶材料按屋顶的构造层次不同，具有不同的功能要求（保温隔热、隔声、防水、防辐射耐老化），以保障人们的日常居住、学习、工作等。对于绿色建筑屋顶饰面材料而言，其具有延长建筑的使用寿命，吸收有害气体而改善环境污染，抗紫外线，围护建筑屋面等性能，有效改善了人类的生活环境空间。建筑屋顶是建筑的第五立面，建筑屋顶饰面材料因其具有良好的建筑材质与丰富的色彩，美化着人类的生活空间。对于绿色建筑屋顶蓄水屋面而言，屋顶建筑材料搭建的蓄水隔热屋顶，起到了保持水土涵养并发挥其自身储存雨水和屋面隔热的功能。对于绿色建筑屋顶保温屋面而言，在屋面结构层和防水层间设置绿色建筑保温材料，能够使建筑屋面导热系数得到有效降低，提升建筑保温层的保温隔热性能，从而起到提升室内居住环境舒适性的作用。绿色建筑屋顶保温材料主要有聚苯乙烯板、沥青珍珠岩板，它们密度较小，能极大地减轻建筑结构计算荷载，减小建筑承重结构构件截面，有效提高建筑使用面积和降低建筑结构造价，从而提高建筑的经济性。

（五）绿色建筑饰面涂料

建筑涂料的最主要功能是美化环境，装饰和维护建筑墙体的绿色建筑饰面涂料是指具有节能、低污染、杀菌等新功能，能消除建筑涂料的有害物质，提升人们健康水平的新型涂料。目前，绿色建筑饰面材料有辐射固化涂料、固含量溶剂型涂料、水基涂料、粉尘涂料、液体无溶剂涂料、纳米复合多功能涂料等硅藻泥是一种新型的功能性绿色涂料，与目前大量使用的传统乳胶漆涂料相比，其具有健康、环保、安全的功能。传统的乳胶漆涂料里含有挥发性的有害气体，它的使用会对环境造成极大的污染，威胁人类健康。硅藻泥涂料给消费者带来了一个新的选择。硅藻泥涂料的成分是硅藻，硅藻是一种生活在海洋中的藻类，它们创造了地球生命赖以生存的70%的氧气，是地球生物生命的真正摇篮。经亿万年的沉积，硅藻矿化形成硅藻矿化物，硅藻矿化物的主要成分是蛋白石，其在电子显微镜下显示为一种纳米级多孔材料，它的微孔直径约为0.1～0.2μm，孔隙率高达90%。硅藻矿化物的空隙排列规则、整齐，形状呈圆形或针形，其单位面积上的微细孔数量是木炭的数千倍，硅藻矿化物独特的分子晶格结构，决定了其独特的性能，用硅藻矿化物生产出来的硅藻泥绿色建筑涂料是一种高效的吸光材料，不产生光污染，并且可以消除空气中的静电，有效防止墙面挂灰。此外，硅藻泥新型涂料还具有吸音、保温和防火阻燃等多种功能。

三、电磁辐射波及其对人类的影响

电磁波污染主要是指天然和人为的各种电磁波对人类产生干扰和有害的辐射现象。近几十年来，由于广播、电视、微波技术的迅猛发展，射频设备的数量、功率成倍增加，地面上的电磁辐射能量也大幅度增加，已经达到了威胁人类健康的程度。电磁辐射，是电场和磁场交互变化产生的电磁波向空中发射或汇汛产生出来的。电磁辐射看不见、摸不着，产生电磁辐射的设备大都是人们生活中的常用电器设备（如手机、电热毯、电磁炉、医疗器械、电子仪器、微波设备等），这些设备工作时产生不同波长、频率的电磁波充斥着人类的生活空间。当电磁辐射强度超过人体所能承受的限度时，便产生了电磁污染，对人体产生各方面的危害：

对人体中枢神经系统的危害。人类的中枢神经系统对电磁波辐射很敏感，受低强度电磁波反复辐射作用后，人类的中枢神经系统机能会发生一定程度的改变，出现肌体不适合，神经衰弱、头晕甚至头痛、体弱无力、记忆力减退、睡眠不良等亚健康症状。

对人体机体免疫功能的危害。有害电磁波会使身体抵抗力下降，通过动物实验和人群受辐射作用的研究和调查表明，经常在有害电磁波辐射下，人体的白细胞吞噬细菌的百分率和吞噬的细菌数量均下降。此外，长期受有害电磁辐射作用的人，其体内抗体形成受到极大抑制，人体健康极易受环境影响。

对人体心血管系统的影响。受有害电磁辐射作用的人，一方面，经常会发生血液动力失调，血管通透性和张力降低，自主神经系统的调节功能受到影响等症状，体现出心动过缓症状，少数还呈现心动过速；另一方面，会出现血压波动，给心脏造成极大压力。

对人体血液系统的影响。在有害电磁辐射的作用下，血液中的白细胞不稳定，呈下降倾向。白细胞减少、红细胞生成受到抑制，出现网状红细胞减少症状。此外，当无线电波和放射线同时辐射人体时，对人体血液循环系统的伤害较单一因素作用更明显。

对人体生殖系统和遗传的影响。长期接触超短波发生器的人群中，男性会出现性机能下降，甚至阳痿，女性会出现月经周期紊乱。高强度的有害电磁辐射可以产生遗传效应，使人类的睾丸染色体出现畸变和有丝分裂异常；如果妊娠妇女在早期或在妊娠前患病，接受了短波透热的治病疗法，极有可能会使其子代出现先天性出生缺陷。

对人体视觉系统的影响。人类的眼组织含有大量的水分，易吸收电磁辐射功率，而人眼的血流量少，故在有害电磁辐射作用下，眼球的温度就会升高。眼球温度升高是白内障病症发生的主要条件。眼球温度上升对人类的直接影响是导致眼球晶状体蛋白质凝固。

随着人民生活水平的不断提高和人民对健康生活的愈加关注和追求，人们对传统绿色建筑材料提出了更高的要求，不再满足传统建筑材料的节能、环保、防霉、杀菌、防污、透气等基本功能，更加追求有益健康和根除环境污染的新型建筑材料。有害电磁辐射波对人类的危害，使得人们必须研究生产具有电磁屏蔽性能的新型绿色材料，使人类生活更清洁、舒适和健康。可以预见，21 世纪电磁屏蔽功能性绿色生态建筑材料的研究应用和推广使用，将促进建材产业结构的革命性变化，极大地改善人类的居住、学习和工作环境，实现人类宜居健康[1]。

四、发展中的绿色建筑材料—电磁屏蔽材料

随着人类互联互通的高速发展，电磁辐射日益受到人们的关注，面对人类生存环境空间的恶劣变化，电磁辐射对人体造成的损害愈加受到关注，传统绿色建筑材料已经不能满足人们建造健康舒适的建筑空间的要求，人们开始不断探寻舒适、环保、健康的电磁屏蔽建筑材料。这几年随着广大建筑从业人员、科技工作者对电磁屏蔽外加辅助材料的深入研究和实验应用，传统绿色建筑材料的建筑性能与功能不仅得到了提高和拓展，并研制了一批绿色生态电磁屏蔽建筑材料（如绿色建筑电磁屏蔽生态水泥材料、绿色建筑电磁屏蔽墙体材料、绿色建筑电磁屏蔽门窗玻璃材料、绿色建筑电磁屏蔽屋顶饰面材料、绿色建筑电磁屏蔽饰面涂料等），这些绿色生态电磁屏蔽建筑材料极大地提升了人类生活的质量，使人类的生活愈加健康。

绿色建筑电磁屏蔽生态水泥材料的出现与炭黑分不开。炭黑（无定形碳）质轻、体松，是颗粒极细的黑色粉末，比重在 1.8 ~ 2.1 之间，表面积非常大，每克表面积范围在 10 ~ 3000 m2/g 之间。炭黑是含碳物质在空气不足的条件下，通过不完全燃烧或受热分解生产加工而来的。炭黑通过对电磁波的透射、吸收和反射，实现对有害电磁波的屏蔽。作为一种廉价的工业生产原料，其性能稳定，产量比较大，价格低廉。将炭黑掺杂在建筑材料水泥中，可以提高水泥的绿色生态标准，达到屏蔽有害电磁波的效果，便于未来进行大规模的生产和在建筑工程建设中使用。在传统水泥中添加炭黑的具体配比不同，水泥的技术性能和电磁波屏蔽效果也有不同。随着炭黑浓度的变化，水泥复合材料的柔性、电磁屏蔽性也相应地发生变化。当炭黑的含量为 8%时，水泥复合材料的柔韧性最好。当炭黑的含量为 10%

时，水泥复合材料的电磁屏蔽性能最好。因此，可以通过调控炭黑的浓度，调控水泥的屏蔽性能和柔韧性，使绿色建筑电磁屏蔽水泥砌筑、浇筑的建筑材料性能和电磁屏蔽效果最佳。

绿色建筑电磁屏蔽墙体材料。建筑墙体本身虽然具有承重、围护的性能，但在人们认识电磁辐射对人类的危害之前，建筑墙体并没有屏蔽有害电磁波的性能。通过实验研究发现，在建筑墙体中加入碳纤维，不仅可以增强墙体本身的牢固性，使建筑安全抗震，还能够有效地屏蔽电磁波，使生活在建筑室内的人们健康、安全。碳纤维是一种纤维状材料，它强度比钢大，密度比铝小，比不锈钢耐腐蚀，比耐热钢耐高温，和铜有着相似的导电性能，是具有良好电学、热学和力学等性能的新型材料。碳纤维构建的电导网络能够有效透射衰减电磁波，实现对有害电磁波的有效屏蔽。相关研究表明，少量的碳纤维浓度，不仅能显著提高材料的屏蔽性能，还能增加材料的杨氏模量。在提高人类生活健康水平方面，选用碳纤维作为绿色建筑墙体屏蔽材料的添加剂，无疑是一个明智的选择。碳纤维本身轻质，其中空结构能减轻砖体的质量，并且有利于水分和空气的室内外交换及室内干湿度的调节，使生活在建筑室内的人们更加舒适。

绿色建筑电磁屏蔽门窗玻璃。建筑门窗玻璃虽然具备了透光、保温、隔声等技术性能，但屏蔽有害电磁波的性能并没有受到重视，在提倡绿色健康舒适生活的今天，门窗玻璃的电磁波屏蔽性能被提上了设计使用日程。为实现门窗的屏蔽效果，可以通过在绿色玻璃表面镀上一层薄的高电导金属，从而实现既能透光，又能反射电磁波的作用，进而达到屏蔽有害电磁波的效果。薄膜也能起到隔绝空气、防止热量散失的作用。近几年，随着科研人员的深入研究，电磁屏蔽玻璃在导电金属膜反射电磁波技术的基础上，通过加上电解质膜，能实现对有害电磁波的吸收干扰效应。目前，电解质电磁屏蔽玻璃对可见光的透过率可达50%以上，对于频率 1 GHz 的电磁波，其屏蔽效能能达到 30 ~ 60 dB。

绿色建筑电磁屏蔽屋顶材料。根据构造层次的不同功能需求，建筑屋顶应具有保温、防水和装饰等多种性能，在我国的建筑中，木质材料一直广受青睐，被视为最佳绿色生态环保建筑材料。研究实验表明，在天然的木制材料中添加环氧树脂，之后高温烧结，可以得到电磁屏蔽性能优越的新材料，适合运用于建筑屋顶的保温层。如果将这一新材料通过外加剂着色，型材化加工后，就可以用于建筑屋顶外饰面，起到良好的建筑屋面装饰和屏蔽有害电磁波的作用。

首先将木块垂直于树木生长方向切割，浸入沸腾的亚氯酸钠（2%）溶液中，之后在冰醋酸缓冲液（pH=4 ~ 5）中漂白，再用水洗涤。最后，用冷冻干燥法得到干燥的脱木素木骨架。在随后的碳化过程中，将骨架在 1200℃的管式炉中于氮气气氛中热解 2 h，得到碳支架。在 100℃剧烈搅拌下，将固化剂（MOCA）均匀溶解在环氧树脂单体 EP（质量比为

1:3）中，随后将制备好的碳支架浸入EP树脂混合物中，然后在110℃下，转移到真空烘箱中烘烤30 min，以除去空气。之后，将EP复合材料在150℃下固化2 h，再在180℃下固化2.5 h。通过抛光，去除黏附在复合材料表面的额外EP基体。最后得到的复合材料具有吸收有害电磁波的作用。

绿色建筑电磁屏蔽饰面涂料。绿色建筑的外围护结构在今天的建造中多采用复合结构，建筑涂料因其质量轻、色彩丰富、施工简便，在今天的绿色建筑建造中被广为使用。绿色建筑屏蔽饰面涂料，可以在建筑涂料中直接添加屏蔽材料获得。为使加入的电磁屏蔽材料不影响涂料本身的颜色，外加剂屏蔽材料应该是无色透明的。外加剂电磁屏蔽材料可以选用导电高分子材料，因为其本身对有害电磁波具有吸收作用，能够实现对有害电磁波良好的屏蔽性能，且可以保证涂料本身的颜色不变。这种导电高分子材料能够跟涂料充分融合。此外，导电高分子材料本身的电负性能会导致涂料黏稠度增加，使得涂料跟墙体之间结合更为紧密；并且，这种导电高分子材料能够跟涂料充分融合，降低涂料内部的空气含量，从而减缓涂料的氧化过程，延长涂料寿命，使绿色建筑屏蔽饰面涂料具有抗氧化和抗有害电磁的双重性能，极大地提高人们的绿色健康生活水平。

五、绿色建筑电磁屏蔽材料的研究进展及存在的主要问题

绿色建筑材料是绿色建筑发展的基石，绿色电磁屏蔽建筑材料的研发近些年来取得了一定成绩，特别是绿色建筑电磁屏蔽生态水泥、绿色建筑电磁屏蔽墙体材料、绿色真空电磁屏蔽玻璃以及新型陶瓷、除臭卫生洁具和抗菌面板等建筑室内外建筑材料，已经开始大规模商业化的加工生产和使用推广，这些绿色建筑电磁屏蔽材料的应用，显著改善了我国人民的生存环境和健康水平。在国家大力提倡“低碳环保”的趋势下，未来的绿色电磁屏蔽建筑材料必然会成为人们生活中必不可少的重要组成部分。同时，随着人们健康生活的意识逐步加深，未来的绿色建筑材料必不可少地要考虑如何屏蔽电磁辐射，并控制电磁辐射污染。因此，研发绿色电磁屏蔽建筑材料将会是未来绿色建筑材料的一种发展趋势。结合建筑中不同结构特点掺杂不同特性的电磁屏蔽材料，提高建筑材料的建筑技术性能和电磁屏蔽性能，在两者属性加强的同时，努力使绿色电磁屏蔽建筑材料价格合理，便于推广和使用，将会是未来绿色电磁屏蔽建筑材料的发展和研究方向。

由于我国在绿色建筑电磁屏蔽材料的研究起步比较晚，目前对绿色建筑电磁屏蔽材料的研发不充分，虽然绿色建筑电磁屏蔽材料的应用势头较好，但缺乏科学合理的规划，相关研究工作进展缓慢，导致绿色电磁屏蔽建筑材料的研究方向、研究周期、研究成果、实验应用效果在检测、论证、市场推广等方面都没有有效保证，对绿色电磁屏蔽建筑材料的持续发展产生了负面影响。另外，我国电磁屏蔽材料外加剂本身的研究也处于初级阶段，

如何研制出轻质、高效的电磁屏蔽外加剂材料依然是科研人员亟待突破的问题。可以说，目前的绿色建筑材料在电磁屏蔽方面的研究还很欠缺，如何结合不同绿色建筑自身的使用功能特点，研究各具特色的绿色建筑电磁屏蔽材料更是一个挑战。

六、绿色建筑电磁屏蔽材料展望

人类社会步入新世纪已经近 20 年，科学技术和经济发展唤醒了人们对生态文明、节约高效、宜居健康的再认识，环境的恶化迫使人们在城乡建设的发展过程中，必须坚定不移地走绿色建筑的可持续发展之路。绿色建筑材料在建筑节能、可再生能源利用、改善能源结构、防止温室效应、创造宜居生活环境方面有着广阔前景。随着世界经济互联互通的高速发展，人类逐步遭受着有害电磁波的侵袭，威胁着人类的健康。随着人类对宜居的健康环境追求愈加强烈，在创造宜居健康生活，使人类生存空间洁净无污染、舒适健康、消除电磁波对人类的危害方面，绿色电磁屏蔽建筑材料有着保护人类健康的不可替代的作用。可以预见，绿色建筑电磁屏蔽建筑材料因其保护人类健康的特色，完善了建筑材料的性能，必将在未来的建筑材料中成为一种主流。廉价高效的绿色电磁屏蔽建筑材料将会是未来建筑材料研究的主要方向。与此同时，绿色电磁屏蔽建筑材料的广泛使用，将会改善人类的生存空间环境，进一步提升人类生存空间环境的舒适度和身体健康水平，为国家打造人与环境和谐相处提供基本物质保障。

第二节　电磁屏蔽包装材料

随着电磁波污染的日益严重，对电子设备的正常运行造成了很大威胁，因此有关电磁屏蔽防护包装的研究逐渐成为热点。本文介绍了常见电磁屏蔽包装材料的性能特点，综述了近年来电磁屏蔽材料的研究现状以及在包装领域的应用情况，并对电磁屏蔽包装材料的发展方向进行展望。

在信息化时代，人们的工作生活都离不开电子产品，由此给人们带来的电磁辐射危害也不容忽视。电磁辐射除了对人体有害，还会影响电子设备、电子精密仪器、计算机的工作，可能造成信息失真、功能失灵等，因此需要采用防电磁包装来加以保护。其防护包装原理，通常是采用电磁屏蔽材料将内容物包裹起来，或者采用电磁屏蔽材料制成的包装容器将内容物封闭起来。当外界电磁场到达包装材料或容器时，通过电磁在材料表面的反射和在内部的吸收，或利用电磁在屏蔽层中的涡流现象耗散其能量，来削弱外界电磁场对内装物的影响，从而达到包装保护的目的。

一、电磁屏蔽原理

屏蔽材料对电磁波的作用有反射、吸收和透射 3 种形式。

按照 Schelkunoff 电磁屏蔽理论，屏蔽效能按公式（1）计算：

SE=SER+SEA+SEM（1）

屏蔽效能 SE 是电磁波反射损耗 SER、吸收损耗 SEA 和内部多次反射损耗 SEM 的总和，单位为 dB。一般当 SEA＞15dB 时，SEM 可忽略。

根据具体应用的需求，SE 达到 30–60dB 的，可以用于一般工业产品的防护；SE 达到 60–90dB 的，可以用于航空航天以及军用设备等防护。

二、常见的电磁屏蔽材料及包装应用

常见的电磁屏蔽材料包括两大类，一类是表面导电材料，通过化学镀金、真空喷镀、金属熔射、溅射等方法，在材料表面镀上一层金属，使其反射电磁波；另一类是导电复合材料，在材料中填充金属粉、金属纤维、炭黑、碳纤维等导电填料，形成导电网络而达到屏蔽效果，可能用到的基体材料有聚合物、纸张、织物等。本文对电磁屏蔽包装材料常用的种类及包装应用分别进行介绍。

（一）导电聚合物电磁屏蔽材料

导电聚合物与传统的金属电磁屏蔽材料相比，具有质量轻、强度高、耐腐蚀、成本低、易加工、易调节电导率等优点。目前，这种性能优异的导电聚合物已经成功应用于部分电器制品和电子器件的屏蔽包装，以及很多军用品的隐身包装上。用导电聚合物制成的透明导电电磁屏蔽涂料，可以方便地喷涂于各种形状的塑料制件表面；可以制成导电纸，用做敏感集成电路的屏蔽包装；可制成电磁屏蔽薄膜直接用于包装。此外，利用其电致变色性能还可制成智能电磁吸收剂。

按照其化学成分和制备方法的不同，导电聚合物电磁屏蔽材料可以分成本征型和复合型两种。

1.本征型导电聚合物

本征型导电聚合物材料也被称为结构导电聚合物材料，代表性的有聚苯胺(PANI)、聚吡咯(PPY)、聚乙撑二氧噻吩(PEDOT)等。通过改变掺杂过程、掺杂溶剂等，可实现其对不同频段的电磁波辐射的吸收，如微波、红外波、雷达波等，还可对特定频率的电磁波进行屏蔽。

2.复合型导电聚合物

复合型导电塑料是指将导电物质如金属粉末、金属纤维、炭黑等与树脂混合，在混合机或挤出机中经过混合、塑化，然后用注塑成型等方法而制备成的具有导电性的塑料。

导电聚合物的研究在美国、日本等国家比较成熟，在我国的研究起步稍晚，目前的研究方向是提高性能、降低成本。有研究人员将油炉法炭黑和聚乙烯树脂混炼造粒，得到的塑料粒子再采用共挤吹膜工艺，制备出导电聚乙烯膜，并和其他基材复合而成软塑包装复合材料。目前这种材料已被广泛应用于需要防电磁辐射、防静电的电子、化工及军工产品的包装。还有研究人员利用微层共挤出设备制备了(聚丙烯–炭黑)/聚丙烯层状复合材料，实验证明其导电性和电磁屏蔽性能均优于普通共混材料，且层状材料的断裂伸长率和拉伸强度也要高于普通共混材料。

（二）电磁屏蔽纸张

碳纤维纸是研究较多的一类电磁波屏蔽纸，因为碳纤维因为具有好的导电性和高的比强度，因此很适合作为电磁屏蔽材料，其屏蔽作用主要靠反射损耗。研究结果表明，其屏蔽效果与碳纤维含量有很大关系，当碳纤维含量低于 15%时，SE 小于 30dB；含量高于 25%时，SE 可达到 30dB 以上；双层纸可达到 35dB 以上，接近铜箔的屏蔽效果。碳纤维纸除了具有良好的屏蔽效果，还可以通过选择纤维配比来调节屏蔽效果，以满足不同产品的防护需要。碳纤维纸可以作为电子仪器的包装材料，也可以与其他材料进行复合，如作为屏蔽用建筑材料。

电磁屏蔽涂布纸是由电磁屏蔽涂料在纸张表面涂布而成，这种涂料通常由合成树脂、导电填料、助剂等混合而成，在纸张表面固化成膜，从而起到屏蔽效果。目前，导电填料使用的较多的是银系、碳系、铜系、镍系。对于涂布纸性能的影响因素很多，包括胶黏剂的种类及用量，填料的用量、分散性及稳定性，干燥时间等。有研究者采用镍粉为填料，通过正交实验得到的最佳方案为镍粉用量 25.5%、胶黏剂配比为 5:1、胶黏剂用量为 22%、涂布量为 60g/m2 时，涂布纸的导电性和屏蔽效果较好，在频率为 9kHz ~ 1500MHz 的范围内，纸张屏蔽效能在 28 ~ 32dB 之间，性能较为稳定。如果将金属粉末和树脂制备的涂料涂布于碳纤维原纸表面，所得到的碳纤维电磁屏蔽涂布纸比普通涂布纸的屏蔽效果更好，在最佳涂布工艺条件下，该涂布纸的最高屏蔽效能可达到 56dB。

碳纳米管导电纸是一种新型的电磁波屏蔽材料，利用碳纳米管优异的导电性能和电磁屏蔽性能，可以制备宽波段屏蔽效果良好的屏蔽纸张。通过对碳纳米管进行改性，可以进一步提高屏蔽性能。研究结果表明经十八胺改性后的多壁碳纳米管导电纸的电磁屏蔽性能，比普通多壁碳纳米管导电纸的屏蔽性能提高了几倍。但是由于成本的限制，目前没有用于商业化包装产品。

（三）电磁屏蔽织物

根据制备方法、屏蔽机理的不同，导电织物电磁屏蔽材料可分为两种：一种是在织物中加入一定比例的导电纤维，一种是将导电材料镀（或涂覆）在织物表面。

1.导电纤维织物

最早的屏蔽织物是金属丝和天然纤维的混编织物，生产该类织物的工艺简单可行。织物中金属纤维的含量越高，紧度越大，其屏蔽效能越好。但由于金属纤维自身质量较大，存在容易弯曲打结、抗弯强度差、织物厚重且手感较硬等缺点，且用该方法制备的电磁屏蔽织物在不同频段的屏蔽效果差异很大，这些因素限制了它的发展前景。之后又出现了共混/共聚纺丝织物、非晶态合金织物等。

共混/共聚纺丝法制备的织物成本低、易上色，弥补了金属纤维不能上色的缺点。其加工工艺是将具有电磁屏蔽性能的粒子与普通纤维切片共混/共聚后进行纺丝，制备具有良好导电性的纤维，然后编织成屏蔽织物。但这种工艺用于电磁屏蔽织物的研究在国内外尚处于起步阶段，其工艺的关键是选择一种可以均匀地分散在纤维中的理想的屏蔽剂，使纤维在具备良好电磁屏蔽性能的同时又具有良好的可纺性和力学性能。目前研究的屏蔽剂种类主要为金属氧化物粉体、碳系材料、本征型导电高分子等。

织物中常用到的导电材料除了金属，还有碳系材料如炭黑、碳纤维等。在碳纤维织物方面的研究发现，碳纤维的间距、排布方式对屏蔽性能有较大影响，而通过对碳纤维表面进行改性可以提高其电磁屏蔽性能，改性方法主要包括表面活化、表面沉积、表面镀金属等。

2.金属镀层织物

金属镀层常用的方法有化学镀、电镀和真空镀三类，化学镀是利用化学还原反应，在纤维表面形成一层薄的金属膜；电镀则是通过电化学原理进行镀膜；真空镀则是在真空状态下在纤维上形成薄膜。从电磁屏蔽织物的专利申请情况来看，铜、镍和银这三种金属的使用比例共达到77%左右。其中铜和镍的使用相对比较稳定，一直占有重要地位。银纤维是比较先进的屏蔽材料，比一般的抗菌、抗静电、防辐射纤维具有更多样的特性，而且技术比较成熟。被镀纤维可选用锦纶、涤纶、莫代尔纤维等。

有研究表明，先用3-氨丙基三甲氧硅烷与莫代尔织物进行偶联反应，然后用银、金、钯对织物表面进行活化反应，最后采用传统化学镀金法将铜镀在织物表面；该材料的SE在100～1000MHz频段为35.2～50.5dB，满足一般工业和电子产品的包装防护要求。还有研究人员通过敏化、活化、化学镀铜工艺，在无纺布表面镀上金属铜，然后再镀上少量的镍，可以达到和进口电磁屏蔽材料相同的效果。

非晶态合金是具有微观组织结构的新型金属材料，具有力学性能好、高电阻率、较高磁导率和较低矫顽力、化学稳定性高、耐腐蚀性好等优点。非晶态合金织物是在涤纶织物、聚酯纤维织物等织物表面，采用化学镀法或电沉积法制备的二元、三元或四元非晶态合金织物。研究者在涤纶织物表面电沉积非晶态钼/镍合金和锌/镍/硫合金镀层，在100～3000MHz的频率范围内，两者的电磁屏蔽效能都达到80dB以上。由于非晶态合金织物的电磁屏蔽性能非常好，适合作为电发火弹药等军事用品的电磁防护包装，具有十分重要的军事及战略意义。

四、新型电磁屏蔽包装材料

（一）利乐包装废弃物制备电磁屏蔽材料

南京林业大学的研究人员以金属粉、废弃的利乐包装、高密度聚乙烯等为主要原料，制备了一种电磁屏蔽复合材料，并系统研究了金属粉种类和填充量、偶联剂种类及浓度、实验处理方式等对该复合材料电磁屏蔽性能的影响。该研究不仅可减少利乐包装废弃物对环境的污染，又可以制备电磁屏蔽材料，为复合包装材料的综合回收利用探索了一条新的途径。

（二）胶原纤维-植物纤维复合屏蔽纸

四川大学的研究人员以家畜动物皮为原料，从中提取出胶原纤维并对其进行化学改性，得到一种新型的微波吸收剂。该吸收剂与植物纤维混合抄片，可制成具有微波屏蔽功能的纸张。该纸张的屏蔽效能随着胶原纤维吸波剂用量的增加而不断提高，定量为90g/m^2的纸样，当吸波剂用量为60%时，最大屏蔽能力超过35dB，且胶原纤维吸波剂还能够增加成纸的机械强度。

从专利方面来看，我国在电磁屏蔽材料方面的专利申请人大多为国内科研机构，如南昌航空大学、东华大学、扬州大学等，企业申请量只占了很小的比例5%。而国外的情况完全相反，专利申请人中公司占了较大比例，如日本前10位的申请人均为企业。这说明我国电磁波屏蔽材料的产业化、市场化水平偏低，没有将科研成果应用于生产。

因此，根据目前电磁屏蔽包装材料的发展状况和日益增长的市场需求，研制具有高性能、稳定性好、易于加工、经济环保的电磁屏蔽包装材料，成为目前市场迫切的需要。对该领域的研究方向提出以下建议：

防电磁包装对材料性能的要求，除了能对电磁波实现宽频段屏蔽效果，还要具有良好的力学性能。通过对材料的结构进行合理设计，如层状复合包装材料，既可以提高材料在不同频段的电磁屏蔽性能，又可以提高材料的力学性能。

研究开发具有多功能的防护包装，比能同时防电磁波、防静电等，以满足对电磁波、静电敏感的内装产品的防护要求。

研制强度高、质量轻、易于加工，并且耐腐蚀的综合性能优良的电磁屏蔽包装材料。其中，导电聚合物可能是一种很有发展前景的材料。

如果能通过对废弃包装材料进行加工再利用，制备出具有良好电磁屏蔽效果的包装，将会是一条践行绿色包装的最佳途径。

第三节　电磁超材料研究进展

特异媒质、新型人工电磁媒质以及人工电磁材料等，均可统称为“电磁超材料”。目前，这种材料在现实生活中应用十分广泛，基于此，文章主要对电磁超材料的研究进展进行了分析。

前言：电磁超材料，主要是人工合成或加工的，具有特异电磁性质、准周期或周期结构的复兴型材料。这种材料最早产生于 21 世纪初，具体应用过程中，具备如下特征：人工结构特殊、物理性质超常以及电磁性质不取决于构成材料而与人工结构息息相关等。

一、电磁超材料分类

电磁超材料种类繁多，结合等效媒介电磁性质的不同，一般可按照磁导率取值以及介电常数对电磁超材料进行分类，具体如下：零折射率材料、灵磁导率材料、正常材料、大磁导率材料、渐变折射率材料等等。理想化的导磁体和导体，一般可被作为磁导率和介电常数无限大的材料。在不同的实现方式之下，超材料可被分为块状超材料、石墨烯型超材料、波导型超材料、传输线型超材料等等。而在不同的工作方式之下，则通常可分为非谐振型超材料和谐振型超材料。其中，谐振型超材料一般会在谐振区域周边进行工作，电磁参数的波动参数范围较大，且损耗也比较大，频带较窄。而非谐振超材料一般会在非谐振区域进行工作，损耗一般较小，频带交宽，且参数的波动范围较小，另外，还可按照空间维数、参数可控性、工作频段等对电磁超材料进行分类。

随着研究范围的不断扩展和延伸，目前，对于超材料的研究，已超出负折射率和左手材料的范围。现阶段，被很多研究工作者所认可的新型电磁材料，已经逐渐覆盖了具备新异电磁特性的、由非周期和周期单元结构共同构成的人工复合材料，具体如电磁特性可控材料、左手复合传输材料、极限参数电磁材料等等。基于上述情况，材料实则也包括了光子晶体材料、频率选择表面以及电磁带隙材料等等。

二、超材料研究的等效媒质理论

人们在研究电磁超材料的过程中，一般均会基于等效媒质理论来进行，不管是电磁参数的提取，还是人工电磁材料的设计，均与该理论息息相关。在此情况下，一般可通过解析的方式，对人工电磁材料的相关参数进行分析和研究，但缺陷在于，无法获得解析形式，需要借助实验测量和全波仿，对人工电磁材料进行研究。

等效媒质的解析。对于人工电磁材料而言，其主要是借助人工单元结构，对普通材料中的原子或者是分子进行模拟。在外界电磁场的影响和作用之下，该单元一般会形成等效的磁偶极子或者是电偶极子，并同时产生类似于被模拟材料中的磁化或极化现象。在背景材料中，只要波长的尺寸，大于填充物的尺寸，则一般均可借助等效媒质展开分析研究工作。另外，这种通过人工而产生的材料，从宏观角度上来看，也可将其作为等效电磁参数。在分析人工电磁材料的过程中，通常可选择类似于固体物理的方式来进行，即首先应对单元的磁化或者是极化现象进行分析，之后在经过一系列的推到，获取材料的电磁参数。在人工设计电磁材料的过程中，如果单元结构相对较规则，则一般可选择解析的方式进行分析，以此获取与单元相对应的电极化度。如果等效媒质的条件成立，且背景填充媒质中含有很多的亚波长颗粒，通常可选择 Maxwell-Garnett 工艺，对混合之后的媒质等效电磁参数进行获取。

散射参量参数提取办法。正常情况下，借助解析的方式，很难对人工电磁材料的电磁参数表达公式进行精准获取。因此，一般可通过实验测量和数值仿真的方式，间接性的对等效参数方法进行获取。目前，在人工电磁材料参数获取的过程中，散射参数测量是很关键的办法。在数值仿真的过程中，通过上述方式的实践应用，电磁波一般会垂直到具备一定厚度、沿着波的方向进行传播、无限大的电磁材料平板上，结合对称性，在实际仿真的过程中，通常要对单元结构进行重点考虑，并要在单元结构的周边，设置好磁壁、电壁等等，根据波的传播方向，对波端口进行合理设置，从而获得电磁波的透射系数和反射系数。在开展测量试验的过程中，在矢量分析设备上，通常会设置收发天线，借助该天线，对结余两天线之间的电磁材料板的透射系数和反射系数进行获取。

三、超材料的加工实现

PCB 工艺下的电磁超材料。在 PCB 工艺下，一般是以电镀或者是打印等方式为主，将金属结构覆盖在介质基板上，从而可产生复合结构，并可在特殊的电磁环境下，展现出一定的特异电磁属性，其中，要数金属线结构和开口谐振环结构最为典型。在特定的工作频率下，上述结构能够在第一时间察觉到磁导率和电常数的负值状况，目前应用十分广泛，且效果显著。而 SRR 工艺下的超材料，现阶段也是层出不穷。

石墨烯电磁超材料。石墨烯主要就是从石墨中剥离出来的一种物质，具体的构成物质的碳原子，属于一种二维晶体，其在实践应用的过程中，导电性能非比寻常，因此，在当前的电磁领域中，这种电磁超材料应用十分广泛，可满足设计的实际需求。据相关研究调查表明，若石墨烯中不含任何杂质，则其实际的电导率也会独立存在于其他的材料参数，仅仅作为一种结构精细的参数函数，可一旦石墨烯含有杂质，则在具体应用的过程中，则会产生完全的效果，且电导率也会最值而产生变化。

直流电电磁超材料。电磁超材料种类繁多，且实现的方式也存在着较大差别，其中，要数材料掺杂和单元谐振最为常见。在直流的状况之下，材料的电导率是一个至关重要的因素。从导电性能上分析，电阻网络和导电材料可实现等效互换，因此，在这一原理的指导之下，也会产生全新的等效电导率获取办法。在直流作用之下，通过合理的设计电阻网络，实现导电性能。但应注意的问题是，对于一些导热材料而言，结合相关的推理原理，同样可借助该方式进行设计和分析。

传输线电磁超材料。传输线可引导着电磁波朝着特定方向进行转播，整个传播过程，与自由空间的导播媒质较为相似，因此，可通过电流、电压在传输线上的传播，来对比媒质中电磁波传输状况进行等效模拟。在传输线中，特征抗组和传播常数会分别与媒质在中的波抗组和传播常数相互对应。随着电压波频率的不断提高，传输线也会产生分布电容效应和分布电感，并借助电路对均匀传输线进行等效。

通过 PCB 技术，并同时借助亚波长金属单元所获得的电磁材料，目前虽然应用较为广泛，但同样存在一定局限性，具体表现在加工难度、电磁各向异性、金属固有损耗、工作频段上等等，在此情况下，又产生了全介质人工电磁材料。

综上所述，电磁超材料提出了一种具备特殊物理特性、制造灵活的电磁器件新方式，突破了以往研究中，受频段、材料等因素限制的局面，进入到一个崭新的研究领域。但由于目前仍处于发展的初级起步阶段，故尚未形成完善的产业化系统，若想实现产业化、规模化发展，仍需进行进一步探索实践，从而将各种研究成果转化成生产力。

第四节 电磁波吸收材料

电磁波吸收材料的作用和地位十分突出，已成为现代军事中电子对抗的法宝和“秘密武器”，本文主要针对电磁波吸收材料的应用领域与发展进行分析。

随着全球网络技术的快速发展，所需的电磁波设备也随之增多，随着大规模电磁波的应用，对环境产生了一定的破坏，这被人们称之为“电波洪水”。为了解决严重电磁波对环境造成的不良影响，需要重点研究电磁波吸收材料，并实现材料生产的产业化。早在20世纪30年代，美国、德国就开始研究电磁波吸收材料，我国电磁波吸收材料的研究始于20世纪70年代，目前在南京、大量等地区都设置了生产基地，取得了一定的进步。

一、电磁波吸收材料的运用

对于电磁波吸收材料的研发必须与实践结合起来，电磁波吸收材料的运用主要体现在以下几个方面：

（1）在电波暗室中的应用，电波暗室，是主要用于模拟开阔场，同时用于辐射无线电骚扰（EMI）和辐射敏感度（EMS）测量的密闭屏蔽室。电波暗室的对于吸收材料的需求量是非常大的。依照用途的不同可以将电波暗室分为天线测量和测试暗室两种类型，吸收材料的应用需要满足频带、承受率、极化的相关要求。

（2）仿真暗箱。电子机器是需要经常进行调节的，在被测试物四周的近区或者远区应用电磁波可吸收材料可以有效减小电磁波对周围环境的影响，吸收材料也要满足频带、承受的等要求。

（3）机箱内材料。合理应用机箱内材料可以减轻电子电路元器件和部件近区辐射污染。

二、吸收材料的性能表征

电磁波吸收材料的作用就是将电磁波的能量转变成热能，再将热能耗尽，以此达到吸收电磁波的目的。电磁波吸收材料需要满足几个要求，即反射功率、散射、极化、材料功率要求，还要满足尺寸、老化特征、环保特征，并满足相关的机械、物理及化学要求。在历史原因的影响下，关于电磁波吸收材料的研究最早集中于军用材料，在后来，民用材料的研究才开始得到重视，截止到目前，军用电磁波吸收材料的研究也依然领先于民用材料。从整体上来看，为了满足技术的发展需求，已经从传统的单一性结构模式转化为多元性结构模式，以军用电磁波吸收材料为例，其发展方向开始转化为复合结构与超微小结构，无论是在研究难度还是研究广度上，都得到了有效的扩展，材料的综合性能也得到了显著的提升。

三、电磁波吸收材料的类型、现状与发展

根据结构的不同可以将电磁波吸收材料划分为平板型、角锥、蜂窝结构物和吸收膜片等类型，除了传统等效传输线法外，近些年也开始应用有限差分时域法。通过此方法能够满足吸收性与频带性要求。截止到目前，电子波吸收材料产品的生产工艺也有了巨大的进步。目前，电磁波吸收剂的研发正进行的如火如荼，各类新型材料相继出现，如纳米技术材料、导电聚合物、多晶铁纤维和手性材料等等，都是性能非常优异的电磁波吸收材料。关于电磁波吸收材料的研究，核心就是其他物质的添加比例，物质的添加不仅影响着材料的电性能，对于其物理性能、化学性能也有着重要的影响，因此一直都是研究中的核心机密。

除此之外，关于电磁波材料的加工，也有多种方法，国内外的加工方法也存在较大的差异，在国外通常采用的方式是先对材料进行浸泡然后再切割，但是在我国是采取相反的步骤。国外加工方法的优点是平均相同性好，可以防止变形，但是这种方法会消耗较多的吸收剂，切割后剩余的材料也无法进行二次利用，成本也相对高昂。

关于吸收材料的外形设计，也存在着一定的差异，除了常用不均匀传输线和几何光学法外，还有曲线纺锤形角锥设计法，这一设计方法的研究有效改善了材料电性。此外，电磁波吸收材料除了使用传统的聚氨脂塑料、无纺布纤维和铁氧体以外，近些年来还研发出大量新型人工材料，如：①透明玻璃型，该种材料需要将玻璃两面设置反射膜和导电膜，在外层涂上复保护膜，这种材料通常适宜应用在一些特殊的场合；②发泡塑料。此类材料大多是角锥材料，这种材料不仅能在形状、尺寸的设计方面具有优势，还可以根据具体要求在内部开洞或者添加填充物，这样既可以减轻重量也不会影响材料的性能；③毫米波铁氧体。此种材料常用于移动通信或者手机上，是一种永磁材料；④噪声抑制材料。对于机箱内所产生的信号噪声，必须要进行处理，为此，可以在电路和机箱之间设置好噪声抑制吸收片，它可以吸收近区场波，解决磁损耗问题；⑤无纺布型材料。此种材料是由玻璃或合成纤维制作而成，无纺布具有大量不锈钢纤维，具有无极化特性，有着绝热和吸音性能，可以通过振动产生热量，吸收周围的电磁波；⑥微小孔型材料。此类材料通常是在铁氧体使用激光打孔，依据孔的形态、尺寸等参数的变化，即可确定其等效变化。对于此种材料的研究，国外已经有了初步的研究结果，也发表了大量的文献，与之相比，我国还处于初

级研发阶段，还有一些难题尚未攻克。

在日益重要的隐身和电磁兼容（EMC）技术中，电磁波吸收材料的作用和地位十分突出，已成为现代军事中电子对抗的法宝和“秘密武器”，当前在我国和全世界范围销售的电磁波吸收材料大多来自于美、日、德、法等国。目前，我国已经形成了包括大连、南京为中心的电磁波吸收材料制造基地，相信在今后我国的电磁波吸收材料研究步伐会不断推进，为人们创建一个环保的网络环境。

参考文献

[1]吴一楠，李风亭.具有多层次结构环境功能材料的制备及性能研究[M].上海：同济大学出版社，2017.

[2]廖润华.环境治理功能材料[M].北京：中国建材工业出版社，2017.

[3]孙飞龙，等.典型功能材料环境适应性评价技术[M].北京：中国建材工业出版社，2017.

[4]张晓晖.新型环境净化功能材料 电气石及其与ZnO复合粉体的性能研究[M].武汉：中国地质大学出版社，2015.

[5]冯玉杰，孙晓君，刘俊峰.环境功能材料[M].北京：化学工业出版社，2010.

[6]武晓威，陈宇，陈丹娃.环境功能材料概论[M].哈尔滨：哈尔滨地图出版社，2012.

[7]吴爱国，张玉杰.功能化材料及其环境应用[M].北京：科学出版社，2019.

[8]张晓晖.新型环境净化功能材料 电气石及其复合材料[M].武汉：中国地质大学出版社，2016.

[9]蒋庆华，杨永利.环境与建筑功能材料[M].北京：化学工业出版社，2007.

[10]刘承斌，唐艳红.石墨烯基功能材料在环境中的应用[M].北京：科学出版社，2015.

[11]冯玉杰，蔡伟民.环境工程中的功能材料[M].北京：化学工业出版社，2003.

[12]罗胜联，杨丽霞.功能化二氧化钛纳米管阵列材料与环境应用[M].北京：科学出版社，2011.

[13]黄占斌.环境材料学[M].北京：冶金工业出版社，2017.

[14]何领好，王明花.功能高分子材料[M].武汉：华中科技大学出版社，2016.